山东省精品课程"大学物理"辅助教材

大学物理学习指南

张鲁殷　王守海　主编
王世范　主审

西安电子科技大学出版社

内 容 简 介

　　本书作为与大学物理教学相配套的辅助性教学用书，主要涵盖了理工科非物理专业的学生应掌握的物理基础知识，旨在使学生理解本课程的教学基本要求，明确物理基本概念和规律间的联系与区别，帮助学生熟练运用所学的知识去正确地分析问题和解决问题。

　　本书内容包括力学、热学、电学、磁学、光学和近代物理等。每章均由基本要求、内容提要、例题精讲、习题精练四个部分组成。另外，书中配有模拟试卷及答案。

　　本书可作为高等院校理工科各专业"大学物理"课程的重要辅导材料，也可作为自学大学物理和考研复习的参考书。

图书在版编目(CIP)数据

大学物理学习指南/张鲁殷，王守海主编.
－西安：西安电子科技大学出版社，2013.2(2014.3重印)
山东省精品课程"大学物理"辅助教材
ISBN 978 - 7 - 5606 - 2995 - 7

Ⅰ. ① 大… Ⅱ. ① 张… ② 王… Ⅲ. ① 物理学－高等学校－教材参考资料
Ⅳ. ① O4

中国版本图书馆 CIP 数据核字 (2013) 第 024930 号

策　　划　刘　杰
责任编辑　张　玮　刘　杰
出版发行　西安电子科技大学出版社(西安市太白南路 2 号)
电　　话　(029)88242885　88201467　　邮　　编　710071
网　　址　www. xduph. com　　　　电子邮箱　xdupfxb001@163.com
经　　销　新华书店
印刷单位　陕西华沐印刷科技有限责任公司
版　　次　2013 年 2 月第 1 版　2014 年 3 月第 3 次印刷
开　　本　787 毫米×1092 毫米　1/16　印张 13
字　　数　303 千字
印　　数　9501～10 300 册
定　　价　23.00 元
ISBN 978 - 7 - 5606 - 2995 - 7/O

XDUP　3287001－3

山东省精品课程"大学物理"辅助教材

大学物理学习指南

主　　审　　王世范

上篇主编　　杨积光　周　薇　张鲁殷

下篇主编　　周明东　贾　敏　王守海

副 主 编　　（按姓氏笔划为序）

申庆徽　刘　静　李　鹏　李照鑫　张艳亮　梁　敏

编　　委　　周　强　徐世林　刘启鑫　王翠玲　王岩庆　李德华　徐　岩

王学水　陈　兵　张玉萍　宋宏伟　刘维慧　张玉梅　张会云

李培森　武加伦　姜　琳　于　阳　孟丽华　王雪琴　赵兴华

赵振华　王　鹏　张少梅　杨艾红　彭延东　陈　达　王璟璟

刁大生

前 言

"大学物理"是理工科各专业的一门重要基础课，同时也是全国硕士研究生入学考试的专业科目之一。与高中物理相比，"大学物理"的理论更加抽象，逻辑推理更加严密。对于学生而言，往往对"大学物理"的概念和理论感到抽象难懂，解决问题缺少思路和方法。我们编著本书的目的就是帮助学生尽快明确学习要求，理清知识脉络，尽快完成学习方法和思维方式的转变，掌握解题的思路和方法，提高综合应用所学知识、分析问题和解决问题的能力，为后继课程的学习和将来的考研打下坚实的基础。

本书共分 25 章，每章由四大知识板块组成：

(1) 基本要求：按教育部工科大学物理教学的要求，明确本章的主要内容。

(2) 内容提要：从本章提出的主要问题、解决问题的主要思路和方法、主要知识点及应用三个方面系统阐述了本章要点，利于学生理清知识脉络，方便检索。

(3) 例题精讲：选题力求涵盖各类题型，重点给出分析问题与解决问题的思路和方法，部分例题给出多种解题方法，并加以分析，以开拓思路，使学生更好地巩固基本物理概念，掌握解决问题的方法和技巧。

(4) 习题精练：每章均有各种类型习题，并在书后附有解答，方便学生参考。上、下篇各配有两套模拟试卷，并附有答案，方便学生自测。

本书是王世范教授主持的山东省精品课程"大学物理"的辅助教材，经过讲课老师们多年的使用、修改整理而成。参加本书编写的主要成员长期工作在大学物理教学第一线，有丰富的教学经验。编者力求将每位教师多年的教学经验与体会渗透到各章的内容之中，使学生在学习中目标更明确、思考更深刻、总结更全面。

本书分上、下两篇，由王世范教授最后统一审稿。全书由张鲁殷、杨积光、周薇、王守海、周明东、贾敏老师统稿，具体分工是：第 1～5 章由杨积光、刘静编写；第 6～10 章由周薇、申庆徽编写；第 11～14 章由贾敏、李照鑫编写；第 15～18 章由周明东、张艳亮编写；第 19～21 章由张鲁殷、梁敏编写；第 22～25 章由王守海、李鹏编写。

在编写过程中，参考了许多书籍及文献，限于篇幅，在书末只列出了部分参考文献，在此对所有参考书籍及参考文献的作者一并表示衷心的感谢。

编 者

2012 年 11 月于青岛

目　录

绪　　论

一、什么是物理学

自然界由物质组成，物质世界中包含着无限多样的物质形态。物质处于永恒的、不停的运动之中，运动是物质的基本属性，广袤无垠的宇宙就是浩瀚的、永远运动的物质总体，时间与空间则是物质的存在形式。物质间存在相互作用。

1. 研究内容

物理学是研究宇宙间物质存在的基本形式、性质、运动和转化以及内部结构，从而认识这些结构的组元及其相互作用、运动和转化的基本规律的科学。

物理学的各分支学科是按物质的不同存在形式和不同运动形式划分的，如力学、热学、电磁学、光学、原子物理学、量子力学等，每一个分支学科都与一两种运动形式相对应。人类对自然界的认识来源于实践，而实践的广度和深度有着历史的局限性。随着实践的扩展和深入，物理学的内容也不断扩展、深入，新的分支学科陆续形成，已有的分支学科日趋成熟，应用也日益广泛。

客观世界是一个内部存在着普遍联系的统一体，物理学各分支学科相互渗透，物理学家力图寻找物质的最基本规律，从而可以统一地理解一切物理现象。建立统一理论是现代物理研究的重要方向之一，有时我们似乎已很接近目标，但随着新现象的不断出现，这一目标又变得更遥远。显然，人类对自然界的探索和研究将永无止境。

2. 研究范围

物理学所研究的范围极其广泛。研究对象从半径为 10^{-15} m 的微小质子，直到目前可探测到的、远在 10^{26} m 外的类星体；涉及的时间从短到 10^{-25} s 的最不稳定的粒子寿命，到长达 10^{39} s 的质子寿命。

物理学所研究的粒子和原子，构成了蛋白质、基因、器官、生物体、一切人造的和天然的物质、陆地、海洋、大气等。因此，物理学成为了化学、生物学、材料科学和地球物理学等学科的基础。物理学的基本概念、基本理论和科技成果广泛地应用在所有自然科学领域之中。所以，物理学是一切自然科学的基础。

3. 研究成果

物理学的研究成果，广泛而直接地影响着社会生产和人类生活的各个方面，是科学技术和社会发展的强大动力。18 世纪 60 年代开始的第一次技术革命，主要的标志是蒸汽机的发明及其广泛的应用，这是牛顿力学和热力学发展的结果。19 世纪 70 年代开始的第二次技术革命，主要的标志是电力的广泛应用和无线电通信的实现，它是电磁学发展的结果。20 世纪 40 年代兴起并一直延续到今天的第三次技术革命，出现了一系列的高新技术，并在此基础上诞生了大量的新产品和新装置，使人类的物质生产和精神生活产生了难以想象的巨大变化，这是近代物理学发展的结果。

二、物理学发展史

物理学发展史可以简单地划分成两个时期，包含四个主要理论。

1. 经典物理学时期——19 世纪末以前

经典力学：研究人体尺度物体的运动（$v \ll c$）及其相互作用。

电磁学：研究带电物体的运动及其相互作用，描述磁现象。

2. 近代物理学时期——19 世纪末至今

狭义相对论：澄清时间和空间的概念。

量子力学：研究各种物体的运动及其相互作用。

三、为什么要学习大学物理

1. 意义

物理学研究特别简单的系统，例如质点、刚体、弹簧振子、理想气体、单个原子等。揭示这些简单系统的基本性质和规律所采用的科学方法，常比其他自然科学中所用的方法要简明清晰得多。因此，物理学被认为是"科学方法"的典范。

物理学的基本理论渗透在自然科学的一切领域之中。以物理学最基本的概念、理论为内容的"大学物理"课程，所包含的经典理论、近代理论及其实际应用，以及处理问题、解决问题、寻找规律、建立基本理论的科学方法，都是一个高级工程技术人员所必须了解和掌握的。任何一门课程都不能像"大学物理"那样全面、系统、完整地培养学生各方面的能力。"大学物理"的基本概念以及基本原理固然重要，但更重要的却是它的科学思维方式，解决、处理、研究问题的方法。

物理学是一门实验科学，它的定律是观察和实验的概括，理论的正确与否最终要靠实验来检验。物理学的研究方法遵循实践—认识—再实践—再认识的认识论的法则。建立物理理论的一般过程为：实验—理论（建立理想模型，提出假设，找出规律）—实验—理论，整个过程始终贯穿着辩证唯物主义世界观和方法论。

2. 特色

在同学们学习的各门课程中，"大学物理"课肩负着特殊而又重要的任务。数学、英语和计算机等课程在很多地方具有"工具"性质，而物理学则在很多地方具有"方法"性质。某种"方法"通常需将各种知识及理论相互贯通、融为一体，它已不是单独由哪一门课程所能学到的东西了。学生在学习物理理论以及求解物理习题时，常常要根据实际情况挖掘所有信息（已知条件），在头脑中进行分析、筛选、综合加工，直至获得正确的结论。对很多学生来说，物理难学，实际上难就难在这一点上。由于种种原因，一些学校急功近利，青睐题海战术，没给学生留出足够的思考分析时间，使他们对所学的知识，知其然而不知其所以然、囫囵吞枣、死记硬背。此种教学方式，使学生养成了依赖记忆简单地套用公式解题的习惯，甚至连蒙带猜、生搬硬套，有时结论大悖常理也毫无反应。久而久之，头脑难以快速灵活运转，面对那些需要多个理论和公式、已知条件不明显、过程比较复杂的物理题，也就脑中空空而一筹莫展了。

3. 目的

低年级学生开设大学物理课，不仅是为了打好学习其他专业知识的基础，也是希望学生能掌握更科学的学习方法和研究方法，以及培养他们独立获取知识、解决实际问题的能力。这是一门任何其他课程都无法比拟和替代的课程，具有培养学生逻辑推理、归纳总结、综合分析等能力的重要作用。它的效果有时也不像其他课程那样直接而明显（如英语、计算机），在很多方面具有潜在的作用，而"潜力大"则正是我们培养理工科大学生具有"后劲"的基础。通过物理课的学习，还可以使学生养成严肃认真、一丝不苟、勤于思考、吃苦耐劳的优良品质。总之，学好大学物理不仅对学生在校期间的学习十分重要，而且对他们毕业后的工作和进一步学习新知识、新理论、新技术，以及进行科研创新等，都将有极大的影响。

四、如何学好大学物理

1. 掌握正确的学习方法

明确"教材为心，多方突破，循序渐进，融会贯通"的普遍学习方法。通常，学习一种新理论或新知识，总是先选定一本具有代表性的、公认较好的书，而后采取种种手段（阅读、参考其他相关资料、多方求教、做实验……）将其弄懂、吃透。大学物理课程的教学就是按照这一过程展开的。为了掌握教材中的理论和知识，采取如下步骤：

（1）课前预习：培养自学能力，对有疑问的内容有针对性地听课和记录（看第一遍书）。

（2）听课：弄懂有疑问的部分，发现自学中理解错误的内容，找出新问题（记笔记）。

（3）看书：进一步弄懂课堂讲授的内容，对照笔记解决出现的问题（看第二遍书）。

（4）做作业：发现新问题，培养处理问题的能力，养成踏实、仔细的良好习惯。

（5）辅导答疑、同学之间进行讨论：发现问题、解决问题，加深对教材的理解。

（6）批改作业：发现并纠正错误。

（7）总复习：逐字逐句通读全书，理解、掌握所学内容并将之串为一体（看第三遍书）。

（8）考试：检验学习情况，再次发现问题并解决之。

2. 抓住基本问题

（1）深刻理解基本概念，牢固掌握基本规律，熟练应用基本理论。

（2）对相应的物理现象作仔细的观察和研究，加深对概念的理解。

（3）注意物理规律的两种表述：文字描述和数学公式表示。对于文字描述，要逐字逐句地仔细推敲，深刻理解其揭示的物理规律；对于数学公式，要结合物理模型搞清其来龙去脉及物理意义，注意适用条件和单位。

（4）通过做题，深入理解并熟练应用所学基本理论。

3. 注意与中学物理的区别

标量⇒矢量；恒量为主⇒变量为主；定性分析⇒定量计算。

4. 打好数学基础

要想学好物理，必须有良好的数学知识作为基础。尤其要注意以下几个方面：坐标系的建立和使用；导数和积分的来历及意义；标量积；矢量积。

5．基本要求

（1）课前预习，上课注意听讲，记笔记。

（2）由基本定律导出的定理和重要规律（如质点和质点系的动能定理、动量定理、动量守恒、机械能守恒、理想气体压强公式等），课下都要认真推证。

（3）按时完成作业。作业书写工整、论述清晰、有理有据，要分析结果的合理性。认真研究批改后的作业，做错的地方立即纠正或重做。

（4）有问题及时问老师或同学，尽快弄懂，不要拖延。

（5）书上的例题要细心阅读、思考、动笔做，每章后面的"问题"要仔细分析论证。

上　篇

第 1 章　质 点 运 动 学

【基本要求】

（1）掌握位置矢量、位移、速度、加速度、角速度和角加速度等描述质点运动和运动变化的物理量（即描述质点的状态及状态的变化）。

（2）掌握质点在平面内运动时的速度、加速度等矢量的计算。

（3）掌握质点作圆周运动时的切向加速度和法向加速度的计算。

【内容提要】

1. 参考系与坐标系

必须事先选定某一个参照物体（或一些参照物体），以便确定其他物体相对于参照物体的位置及其变化。事先所选定的参照物体即为参考系。

坐标系是参考系的数学抽象。常用的坐标系有直角坐标系、自然坐标系、平面极坐标系等。自然坐标系是沿质点的运动轨道建立的坐标系。自然坐标系中一个单位矢量为切向单位矢量，沿质点所在点的轨道切线方向；另一个是法向单位矢量，垂直于同一点的切向单位矢量而指向曲线的凹侧。

2. 质点的运动方程

质点在空间的位置由坐标原点 O 指向质点位置 P 的一个矢量 $\boldsymbol{r}=\overrightarrow{OP}$ 来表示。$\boldsymbol{r}$ 称为位置矢量，简称位矢。质点在空间运动时，位矢 $\boldsymbol{r}$ 为时间 t 的函数，也称为质点的运动方程。直角坐标系中表示为 $\boldsymbol{r}=\boldsymbol{r}(t)=x(t)\boldsymbol{i}+y(t)\boldsymbol{j}+z(t)\boldsymbol{k}$，质点运动方程是描述运动状态的出发点，可以进一步求解速度和加速度等物理量，也可以求解轨道方程。

3．位移

质点在 Δt 时间内的位置矢量的增量 $\Delta \boldsymbol{r} = \boldsymbol{r}' - \boldsymbol{r}$ 称为位移，如图 1-1 所示。质点的位矢与坐标系原点的选取有关，而位移与坐标系原点的选取无关，只表示位置变化的实际效果，为一矢量。

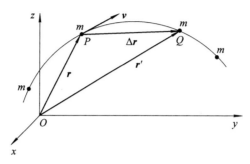

图 1-1

注意：(1)位移大小一般与质点经历的路程不同，即 $\Delta s \neq |\Delta \boldsymbol{r}|$，但是当 $\Delta t \to 0$ 时，$\Delta s = |\Delta \boldsymbol{r}|$，记为 $\mathrm{d}s = |\mathrm{d}\boldsymbol{r}|$。

(2) $|\Delta r|$ 与 Δr 也不同。$\Delta r = |\boldsymbol{r}_2| - |\boldsymbol{r}_1|$，为两位矢大小之差；而 $|\Delta \boldsymbol{r}| = |\boldsymbol{r}_2 - \boldsymbol{r}_1|$，为两位矢的矢量差的大小，总有 $|\Delta \boldsymbol{r}| \geqslant \Delta r$，只有在两位矢方向相同时 $|\Delta \boldsymbol{r}|$ 与 Δr 才相等。

4．速度

运动质点在 t 瞬时的速度为：$\boldsymbol{v} = \lim\limits_{\Delta t \to 0} \dfrac{\Delta \boldsymbol{r}}{\Delta t} = \dfrac{\mathrm{d}\boldsymbol{r}}{\mathrm{d}t}$。

速度为位矢对时间的一阶导数，方向为轨道的切线方向，大小称为速率。速率总是一个正量。要注意平均速率不等于平均速度的大小，即 $|\bar{\boldsymbol{v}}| \neq \bar{v}$。

速度在直角坐标系中表达为

$$\boldsymbol{v} = v_x \boldsymbol{i} + v_y \boldsymbol{j} + v_z \boldsymbol{k}$$

瞬时速率为

$$v = \sqrt{v_x^2 + v_y^2 + v_z^2} = \sqrt{\left(\dfrac{\mathrm{d}x}{\mathrm{d}t}\right)^2 + \left(\dfrac{\mathrm{d}y}{\mathrm{d}t}\right)^2 + \left(\dfrac{\mathrm{d}z}{\mathrm{d}t}\right)^2} = \left|\dfrac{\mathrm{d}\boldsymbol{r}}{\mathrm{d}t}\right|$$

5．加速度

质点在 t 瞬时的加速度为

$$\boldsymbol{a} = \lim\limits_{\Delta t \to 0} \dfrac{\Delta \boldsymbol{v}}{\Delta t} = \dfrac{\mathrm{d}\boldsymbol{v}}{\mathrm{d}t} = \dfrac{\mathrm{d}^2 \boldsymbol{r}}{\mathrm{d}t^2}$$

加速度既反映速度方向的变化，又反映速度大小的变化，任一时刻加速度的方向并不与速度方向相同。在直角坐标系中，$\boldsymbol{a} = a_x \boldsymbol{i} + a_y \boldsymbol{j} + a_z \boldsymbol{k}$，其中：

$$a_x = \dfrac{\mathrm{d}v_x}{\mathrm{d}t} = \dfrac{\mathrm{d}^2 x}{\mathrm{d}t^2}, \quad a_y = \dfrac{\mathrm{d}v_y}{\mathrm{d}t} = \dfrac{\mathrm{d}^2 y}{\mathrm{d}t^2}, \quad a_z = \dfrac{\mathrm{d}v_z}{\mathrm{d}t} = \dfrac{\mathrm{d}^2 z}{\mathrm{d}t^2}$$

加速度 $\boldsymbol{a}$ 的大小为 $a = \sqrt{a_x^2 + a_y^2 + a_z^2}$。

6．圆周运动

(1)质点作平面圆周运动时，可用角量描述，以后刚体的定轴转动的描述也是如此。

运动方程为 $\theta = \theta(t)$，角位置为时间的函数。

角速度 $\omega = \dfrac{\mathrm{d}\theta}{\mathrm{d}t}$，描述质点在瞬时 t 角位置的变化。

角加速度 $\beta = \dfrac{\mathrm{d}\omega}{\mathrm{d}t} = \dfrac{\mathrm{d}^2\theta}{\mathrm{d}t^2}$，描述质点在瞬时 t 角速度的变化。

圆周运动常用到线量与角量的关系为
$$s = R\theta, \quad v = R\omega, \quad a_t = R\beta, \quad a_n = R\omega^2$$
式中，a_t、a_n 分别为切向加速度、法向加速度的大小。

（2）质点作平面圆周运动时，用自然坐标系描述。

速度 $\boldsymbol{v} = \dfrac{\mathrm{d}s}{\mathrm{d}t}\boldsymbol{e}_t$，速率 $v = \dfrac{\mathrm{d}s}{\mathrm{d}t}$。

加速度 $\boldsymbol{a} = \boldsymbol{a}_n + \boldsymbol{a}_t$，其中，法向加速度 $\boldsymbol{a}_n = \dfrac{v^2}{R}\boldsymbol{e}_n$，描述质点速度方向随时间变化的快慢；切向加速度 $\boldsymbol{a}_t = \dfrac{\mathrm{d}v}{\mathrm{d}t}\boldsymbol{e}_t = \dfrac{\mathrm{d}^2 s}{\mathrm{d}t^2}\boldsymbol{e}_t$，描述质点速度大小随时间变化的快慢。因此总的加速度大小为 $a = \sqrt{a_t^2 + a_n^2} = \sqrt{\left(\dfrac{\mathrm{d}v}{\mathrm{d}t}\right)^2 + \left(\dfrac{v^2}{R}\right)^2}$，方向由 $\tan\theta = \dfrac{a_n}{a_t}$ 表示。

一般的曲线运动在自然坐标系中描述，以上公式只需要把圆周半径 R 改为曲率半径 ρ 即可。

7. 运动的相对性

物体运动的描述在不同的参考系中是不一样的，因此在对物体的运动进行描述之前要选择合适的坐标系，搞清楚有关物理量在各个参考系中的数值和方向，在解题中要特别注意物理量的矢量性。

【例题精讲】

例 1-1 已知质点的运动学方程为 $\boldsymbol{r} = 4t^2\boldsymbol{i} + (2t+3)\boldsymbol{j}$(SI)，则该质点的轨道方程为_____，质点的加速度为_____。

例 1-2 一运动质点在某瞬时位于矢径 $\boldsymbol{r}(x, y)$ 的端点处，其速度大小为_____。

A. $\dfrac{\mathrm{d}r}{\mathrm{d}t}$ B. $\dfrac{\mathrm{d}\boldsymbol{r}}{\mathrm{d}t}$ C. $\dfrac{\mathrm{d}|\boldsymbol{r}|}{\mathrm{d}t}$ D. $\sqrt{\left(\dfrac{\mathrm{d}x}{\mathrm{d}t}\right)^2 + \left(\dfrac{\mathrm{d}y}{\mathrm{d}t}\right)^2}$

例 1-3 质点作曲线运动，$\boldsymbol{r}$ 表示位置矢量，$\boldsymbol{v}$ 表示速度，$\boldsymbol{a}$ 表示加速度，s 表示路程，a_t 表示切向加速度，下列表达式中，_____。

（1）$\dfrac{\mathrm{d}\boldsymbol{v}}{\mathrm{d}t} = a$ （2）$\dfrac{\mathrm{d}\boldsymbol{r}}{\mathrm{d}t} = \boldsymbol{v}$ （3）$\dfrac{\mathrm{d}s}{\mathrm{d}t} = \boldsymbol{v}$ （4）$\left|\dfrac{\mathrm{d}\boldsymbol{v}}{\mathrm{d}t}\right| = a_t$

A. 只有（1）、（4）是对的   B. 只有（2）、（4）是对的

C. 只有（2）是对的   D. 只有（3）是对的

例 1-4 在下列各图中质点 M 作曲线运动，指出哪些运动是不可能的。

例 1-5 在 x 轴上作变加速直线运动的质点，已知其初速度为 v_0，初始位置为 x_0，加速度 $a = Ct^2$（其中 C 为常量），则其速度与时间的关系为 $v =$ _____，运动学方程为 $x =$ _____。

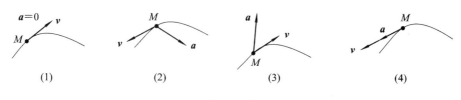

(1)   (2)   (3)   (4)

例 1-4 图

例 1-6 某物体的运动规律为 $\dfrac{\mathrm{d}v}{\mathrm{d}t} = -kv^2 t$，式中的 k 为大于零的常量，当 $t=0$ 时，初速度为 v_0，则速度 v 与时间 t 的函数关系是_____。

A. $v = \dfrac{1}{2}kt^2 + v_0$ B. $v = -\dfrac{1}{2}kt^2 + v_0$

C. $\dfrac{1}{v} = \dfrac{kt^2}{2} + \dfrac{1}{v_0}$ D. $\dfrac{1}{v} = -\dfrac{kt^2}{2} + \dfrac{1}{v_0}$

例 1-7 路灯距地面高度为 H，行人身高为 h，若人以速率 v 背向路灯行走，人头顶的影子的移动速度 v' 为多少?

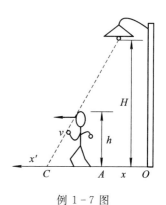

例 1-7 图

【解】 如图所示，取沿地面方向的轴为 Ox 轴。

人从路灯正下方点 O 开始运动，经时间 t 后其位置为 $x = \overline{OA}$，而人头顶影子的位置为 x'。

由相似三角形关系，有

$$\frac{\overline{OC}}{\overline{OA}} = \frac{x'}{x} = \frac{H}{H-h}, \quad x' = \frac{Hx}{H-h}$$

故头顶影子的移动速度为

$$v' = \frac{\mathrm{d}x'}{\mathrm{d}t} = \frac{Hv}{H-h}$$

例 1-8 一艘正在沿直线行驶的电艇，在发动机关闭后，其加速度方向与速度方向相反，大小与速度平方成正比，即 $\dfrac{\mathrm{d}v}{\mathrm{d}t} = -kv^2$，式中 k 为常量。试证明电艇在关闭发动机后又行驶 x 距离时的速度为

$$v = v_0 \exp(-kx)$$

其中 v_0 是发动机关闭时的速度。

【证明】 因为

$$\frac{\mathrm{d}v}{\mathrm{d}t} = \frac{\mathrm{d}v}{\mathrm{d}x} \cdot \frac{\mathrm{d}x}{\mathrm{d}t} = v\frac{\mathrm{d}v}{\mathrm{d}x} = -kv^2$$

所以

$$\frac{\mathrm{d}v}{v} = -k\,\mathrm{d}x$$

$$\int_{v_0}^{v} \frac{1}{v}\,\mathrm{d}v = -\int_0^x k\,\mathrm{d}x, \quad \ln\frac{v}{v_0} = -kx$$

故

$$v = v_0 \exp(-kx)$$

例 1-9 在相对地面静止的坐标系内，A、B 两船都以 $2\,\mathrm{m/s}$ 速率匀速行驶，A 船沿 x 轴正向，B 船沿 y 轴正向。今在 A 船上设置与静止坐标系方向相同的坐标系（x、y 方向单位矢用 $\boldsymbol{i}$、$\boldsymbol{j}$ 表示），那么在 A 船上的坐标系中，B 船的速度（以 m/s 为单位）为_____。

A. $2\boldsymbol{i}+2\boldsymbol{j}$ B. $-2\boldsymbol{i}+2\boldsymbol{j}$

C. $-2\boldsymbol{i}-2\boldsymbol{j}$ D. $2\boldsymbol{i}-2\boldsymbol{j}$

【习题精练】

1-1　如图所示，湖中有一小船，有人用绳绕过岸上一定高度处的定滑轮拉湖中的船向岸边运动。设该人以匀速率 v_0 收绳，绳不伸长，湖水静止，则小船的运动是_____。

A. 匀加速运动   B. 匀减速运动

C. 变加速运动   D. 变减速运动

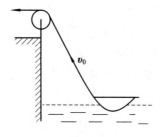

习题 1-1 图

1-2　一质点沿 x 轴运动，其加速度 a 与位置坐标 x 的关系为 $a=2+6x^2$(SI)，如果质点在原点处的速度为零，试求其在任意位置处的速度。

1-3　一质点沿 x 轴运动，其加速度为 $a=4t$(SI)，已知 $t=0$ 时，质点位于 $x_0=10$ m 处，初速度 $v_0=0$。试求其位置和时间的关系式。

1-4　质点作半径为 R 的变速圆周运动时的加速度大小为（v 表示任一时刻质点的速率）_____。

A. $\dfrac{\mathrm{d}v}{\mathrm{d}t}$ B. $\dfrac{v^2}{R}$

C. $\dfrac{\mathrm{d}v}{\mathrm{d}t}+\dfrac{v^2}{R}$ D. $\left[\left(\dfrac{\mathrm{d}v}{\mathrm{d}t}\right)^2+\left(\dfrac{v^4}{R^2}\right)\right]^{1/2}$

1-5　质点沿半径为 R 的圆周运动，运动学方程为 $\theta=3+2t^2$(SI)。求 t 时刻质点的法向加速度大小 a_{n} 和角加速度 β。

1-6　一质点从静止出发，沿半径 $R=3$ m 的圆周运动，切向加速度 $a_{\mathrm{t}}=3$ m/s^2 保持不变，当总加速度与半径成角 $45°$ 时，所经过的时间 $t=$_____，在上述时间内质点经过的路程 $S=$_____。

1-7　某人骑自行车以速率 v 向西行驶，今有风以相同速率从北偏东 $30°$ 方向吹来，则人感到风从方向_____吹来。

A. 北偏东 $30°$ B. 南偏东 $30°$

C. 北偏西 $30°$ D. 西偏南 $30°$

第 2 章　运 动 与 力

【基本要求】

（1）理解牛顿运动定律的内容和实质，明确牛顿运动定律的使用范围及条件。

（2）掌握并应用牛顿第二定律解决动力学问题。

（3）掌握微积分方法求解变力作用下简单的质点动力学问题。

【内容提要】

1．牛顿第一定律

牛顿第一定律（或称惯性定律）：任何物体，如果没有受到其他物体的作用，都将保持静止或匀速直线运动的状态。物体保持它的原有运动状态不变的性质称为物体的惯性。所以第一定律又称为惯性定律。

由于运动只有相对一定的参考系才有意义，因此牛顿第一定律也定义了一种参考系，在这种参考系观察，一个不受力作用的物体将保持静止或匀速直线运动的状态不变，这就是惯性参照系，简称惯性系。牛顿运动定律在惯性系中成立，不遵守牛顿第一定律的参考系称为非惯性系。

2．牛顿第二定律

牛顿第二定律：物体动量对时间的变化率等于作用于物体的合外力。数学表达为 $F = \dfrac{\mathrm{d}(m\boldsymbol{v})}{\mathrm{d}t}$，上式在相对论中成立；而 $\boldsymbol{F} = m\boldsymbol{a}$，只在物体运动速度远小于光速时才是正确的。

牛顿第二定律是牛顿力学的核心，应用时需注意以下几点：

（1）牛顿第二定律只适用于质点的运动。

（2）力的叠加原理。如果有几个力同时作用在一个物体上，实验证明，物体的加速度是这些力单独作用时所产生的加速度的矢量和，即 $\boldsymbol{F} = \sum\limits_i \boldsymbol{F}_i = m\boldsymbol{a} = m\sum\limits_i \boldsymbol{a}_i$。

（3）不同坐标系中的表达。直角坐标系中，$\boldsymbol{F} = ma_x\boldsymbol{i} + ma_y\boldsymbol{j} + ma_z\boldsymbol{k}$，各坐标上的分力：$F_x = ma_x$，$F_y = ma_y$，$F_z = ma_z$。自然坐标系中，$\boldsymbol{F} = m\boldsymbol{a} = m(\boldsymbol{a}_t + \boldsymbol{a}_n)$，分力：$F_t = ma_t = m\dfrac{\mathrm{d}v}{\mathrm{d}t}\boldsymbol{e}_t$，$\boldsymbol{F}_n = ma_n = \dfrac{mv^2}{\rho}\boldsymbol{e}_n$。

3．牛顿第三定律

牛顿第三定律：两个物体之间的作用力和反作用力作用在同一直线上，大小相等而方向相反。

牛顿第三定律指出，对于每一个力而言，必有一大小相等、方向相反的反作用力存在。

这两个力是同种性质的力，分别作用在不同物体上，同时存在、同时消失。

4. 牛顿第二定律的应用

应用牛顿第二定律分析求解动力学问题，一般步骤如下：

（1）仔细审题，分析物体受力情况。

（2）选取坐标系，按牛顿运动定律列出方程。要注意力和加速度的方向的确定，若与坐标轴正方向相同则为正，反之为负。

（3）求解方程组或微分方程的解。解微分方程时，注意使用初始条件。

（4）分析所得结果的合理性。

以上是通过力求物体运动的主要步骤，涉及恒力问题一般要求解方程组，变力问题一般要求解微分方程。在实际问题中，研究对象通常包括多个物体，此时要注意物体之间的约束，从而可以列出需要的约束方程。

【例题精讲】

例 2 - 1　两个质量相等的小球由一轻弹簧相连接，再用一细绳悬挂于天花板上，处于静止状态，如图所示。将绳子剪断的瞬间，球 1 和球 2 的加速度分别为_____。

A. $a_1 = g$, $a_2 = g$　　　　　　　　　B. $a_1 = 0$, $a_2 = g$

C. $a_1 = g$, $a_2 = 0$　　　　　　　　　D. $a_1 = 2g$, $a_2 = 0$

例 2 - 1 图

例 2 - 2　质量为 m 的物体自空中落下，它除受重力外，还受到一个与速度平方成正比的阻力的作用，比例系数为 k，k 为正值常量。该下落物体的收尾速度（即最后物体作匀速运动时的速度）将是_____。

A. $\sqrt{\dfrac{mg}{k}}$　　　　　　B. $\dfrac{g}{2k}$　　　　　　C. gk　　　　　　D. $\sqrt{gk}$

例 2 - 3　如图所示，质量为 m 的物体 A 用平行于斜面的细线连接置于光滑的斜面上，若斜面向左方作加速运动，当物体开始脱离斜面时，它的加速度的大小为_____。

A. $g \sin\theta$

B. $g \cos\theta$

C. $g \cot\theta$

D. $g \tan\theta$

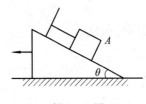

例 2 - 3 图

例 2 - 4　判断下列说法是否正确，说明理由。

（1）质点作圆周运动时受到的作用力中，指向圆心的力便是向心力，不指向圆心的力不是向心力。

（2）质点作圆周运动时，所受的合外力一定指向圆心。

【答】 （1）不正确。向心力是质点所受合外力在法向方向的分量。质点受到的作用力中，只要法向分量不为零，它对向心力就有贡献，不管它指向圆心还是不指向圆心，但它可能只提供向心力的一部分。即使某个力指向圆心，也不能说它就是向心力，这要看是否还有其他力的法向分量。

（2）不正确。作圆周运动的质点，所受合外力有两个分量，一个是指向圆心的法向分量，另一个是切向分量。只要质点不作匀速率圆周运动，它的切向分量就不为零，所受合外力就不指向圆心。

例 2-5　如图所示，用一斜向上的力 F（与水平成 $30°$ 角），将一重为 G 的木块压靠在竖直壁面上，如果不论用怎样大的力 F，都不能使木块向上滑动，则说明木块与壁面间的静摩擦系数 μ 的大小为_____。

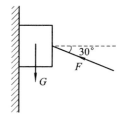

A. $\mu \geqslant \dfrac{1}{2}$ 　　　　　　　B. $\mu \geqslant \dfrac{1}{\sqrt{3}}$

C. $\mu \geqslant \sqrt{3}$ 　　　　　　　D. $\mu \geqslant 2\sqrt{3}$

例 2-5 图

例 2-6　质量为 m 的子弹以速度 v_0 水平射入沙土中，设子弹所受阻力与速度反向，大小与速度成正比，比例系数为 k，忽略子弹的重力。求：

（1）子弹射入沙土后，速度随时间变化的关系式。

（2）子弹进入沙土的最大深度。

【解】 （1）子弹进入沙土后受力为 $-kv$，由牛顿定律得

$$-kv = m\frac{\mathrm{d}v}{\mathrm{d}t}$$

即

$$-\frac{k}{m}\mathrm{d}t = \frac{\mathrm{d}v}{v}$$

两边同时积分

$$-\int_0^t \frac{k}{m}\mathrm{d}t = \int_{v_0}^v \frac{\mathrm{d}v}{v}$$

解得

$$v = v_0 \mathrm{e}^{-kt/m}$$

（2）由 $v = \dfrac{\mathrm{d}x}{\mathrm{d}t}$ 得

$$\mathrm{d}x = v_0 \mathrm{e}^{-kt/m}\,\mathrm{d}t$$

两边同时积分

$$\int_0^x \mathrm{d}x = \int_0^t v_0 \mathrm{e}^{-kt/m}\,\mathrm{d}t$$

解得

$$x = \left(\frac{m}{k}\right)v_0(1 - \mathrm{e}^{-kt/m})$$

所以最大深度为

$$x_{\max} = \frac{mv_0}{k}$$

例 2‑7 一人在平地上拉一个质量为 M 的木箱匀速前进，如图(a)所示。木箱与地面间的摩擦系数 $\mu=0.6$。设此人前进时，肩上绳的支撑点距地面高度为 $h=1.5$ m，不计箱高，问绳长 l 为多长时最省力。

【解】 设绳子与水平方向的夹角为 θ，则 $\sin\theta=h/l$，木箱受力如图(b)所示，匀速前进时，拉力为 F，有

$$F\cos\theta - f = 0$$
$$F\sin\theta + N - Mg = 0$$
$$f = \mu N$$

由此可得

$$F = \frac{\mu Mg}{\cos\theta + \mu \sin\theta}$$

令

$$\frac{\mathrm{d}F}{\mathrm{d}\theta} = -\frac{\mu Mg(-\sin\theta + \mu \cos\theta)}{(\cos\theta + \mu \sin\theta)^2} = 0$$

因为

$$\tan\theta = \mu = 0.6$$

所以

$$\theta = 30°57'36''$$

又因为

$$\frac{\mathrm{d}^2 F}{\mathrm{d}\theta^2} > 0$$

所以 $l=\dfrac{h}{\sin\theta}=2.92$ m 时，最省力。

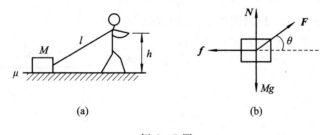

例 2‑7 图

【习题精练】

2‑1　如图所示，一圆锥摆摆长为 l、摆锤质量为 m，在水平面上作匀速圆周运动，摆线与铅直线夹角 θ，则摆线的张力 T 等于多少？摆锤的速率 v 等于多少？

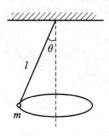

习题 2‑1 图

2‑2　质量相等的两物体 A 和 B，分别固定在弹簧的两端，竖直放在光滑水平支持面上，如图所示，弹簧的质量与物体 A、B 的质量相比，可以忽略不计。若把支持面迅速移

走，则在移开的一瞬间，A 和 B 的加速度大小分别为多少？

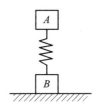

习题 2-2 图

2-3　如图所示，质量为 m 的物体用细绳水平拉住，静止在倾角为 θ 的固定的光滑斜面上，则斜面给物体的支持力为_____。

A. $mg\cos\theta$ B. $mg\sin\theta$ C. $\dfrac{mg}{\cos\theta}$ D. $\dfrac{mg}{\sin\theta}$

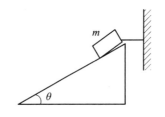

习题 2-3 图

2-4　水平地面上放一物体 A，它与地面间的滑动摩擦系数为 μ，现加一恒力 F 如图所示。欲使物体 A 有最大加速度，则恒力 F 与水平方向夹角 θ 应满足_____。

A. $\sin\theta=\mu$

B. $\cos\theta=\mu$

C. $\tan\theta=\mu$

D. $\cot\theta=\mu$

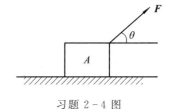

习题 2-4 图

2-5　质量为 m 的小球，在水中受的浮力为常力 F，当它从静止开始沉降时，受到水的粘滞阻力的大小为 $f=kv$（k 为常数）。证明小球在水中竖直沉降的速度 v 与时间 t 的关系为

$$v=\frac{mg-F}{k}(1-\mathrm{e}^{-kt/m})$$

式中 t 为从沉降开始计算的时间。

2-6　一小珠可在半径为 R 的竖直圆环上无摩擦地滑动，且圆环能以其竖直直径为轴转动。当圆环以一适当的恒定角速度 ω 转动，小珠偏离圆环转轴而且相对圆环静止时，小珠所在处圆环半径偏离竖直方向的角度为_____。

A. $\theta=\dfrac{1}{2}\pi$

B. $\theta=\arccos\left(\dfrac{g}{R\omega^2}\right)$

C. $\theta=\mathrm{arcot}\left(\dfrac{R\omega^2}{g}\right)$

D. 需由小珠的质量 m 决定

第 3 章　动量和角动量

【基本要求】

（1）理解冲量、动量、角动量的物理概念。

（2）掌握动量定理，并能熟练运用。

（3）掌握动量守恒的条件，并能熟练地运用动量守恒定律解决一些力学问题。

（4）掌握质点的角动量定理和角动量守恒定律。

【内容提要】

1. 质点的动量定理

动量是描述物体运动状态的一个物理量，在处理碰撞、打击等现象时特别有用。

质点的动量定理积分形式为

$$\int_{t_1}^{t_2} \boldsymbol{F} \cdot \mathrm{d}t = \int \mathrm{d}\boldsymbol{p} = \boldsymbol{p}_2 - \boldsymbol{p}_1 = m\boldsymbol{v}_2 - m\boldsymbol{v}_1$$

等式左端的矢量 $\int_{t_1}^{t_2} \boldsymbol{F} \cdot \mathrm{d}t = \boldsymbol{I}$，称为力的冲量。冲量是力在时间过程中累积效应的量度，由质点在始末两位置上的动量增量决定。通常在研究作用时间很短、动量发生显著变化的过程，如碰撞等问题时，难以确定随时间变化的冲撞力，我们常引入平均冲击力：

$$\overline{\boldsymbol{F}} = \frac{\boldsymbol{P}_2 - \boldsymbol{P}_1}{t_2 - t_1} = \frac{m\boldsymbol{v}_2 - m\boldsymbol{v}_1}{t_2 - t_1}$$

注意以下几点：

（1）动量和冲量都是矢量。动量与速度同方向，冲量沿动量增量的方向。

（2）通常力是变力，冲量的方向和大小是力对时间的积分决定的。只有恒力时，冲量的方向才和力的方向一致，即 $\boldsymbol{I} = \boldsymbol{F}(t_2 - t_1)$。

（3）当质点受多个力作用时，合外力的冲量等于各分力冲量的矢量和：

$$\boldsymbol{I} = \int \boldsymbol{F} \, \mathrm{d}t = \int (F_x \boldsymbol{i} + F_y \boldsymbol{j} + F_z \boldsymbol{k}) \mathrm{d}t = I_x \boldsymbol{i} + I_y \boldsymbol{j} + I_z \boldsymbol{k}$$

2. 质点系的动量定理

由于内力成对出现，质点系各内力冲量的矢量和为零，各外力冲量的矢量和等于合外力的冲量。于是可得质点系动量定理：

$$\boldsymbol{I}_{外} = \int_{t_1}^{t_2} \boldsymbol{F}_{外} \, \mathrm{d}t = \sum m_i \boldsymbol{v}_i - \sum m_i \boldsymbol{v}_{i0}$$

上式表明，作用于质点系的合外力的冲量等于系统总动量的增量。系统总动量的变化由外力决定，内力不能改变系统的总动量。

3．动量守恒定律

当质点系所受合外力为零时，系统总动量的增量为零，即动量守恒：$\sum m_i \boldsymbol{v}_i =$ 常矢量。显然，动量守恒并非每个质点的动量恒定，系统内各质点的动量在内力的作用下相互转移，一个质点的动量增加必有另一质点的动量减少，但系统的总动量不变。

注意以下几点：

（1）对于某些情况，如碰撞、爆炸等过程中，内力远大于外力，外力的时间积累效果可以忽略，此时可以认为系统动量守恒。

（2）若系统整体的合外力不为 0，但某个方向上为 0，则该方向上动量守恒。

（3）动量定理和动量守恒仅在惯性系中才成立，且其中所有的 v 是针对同一参考系的。

4．角动量与角动量定理

（1）角动量。角动量是描述物体转动状态的物理量。例如：质点的质量为 m，速度为 v，它关于 O 点的矢径为 r，则角动量 $\boldsymbol{L} = \boldsymbol{r} \times m\boldsymbol{v}$，此式为质点对参考点的角动量。角动量的值为 $L = rmv \sin\theta$，θ 是质点矢径 r 与速度 v（或动量）间的夹角。

（2）角动量定理。

$$\int_{t_1}^{t_2} \boldsymbol{M} \, \mathrm{d}t = \boldsymbol{L}_2 - \boldsymbol{L}_1$$

（3）角动量守恒定律。当质点所受对参考点 O 的合力矩 $\boldsymbol{M} = 0$ 时，$\boldsymbol{L} =$ 常量，称为质点的角动量守恒定律。若力矩在某个方向的分量为零，则该方向上角动量守恒。在有心力场中，质点所受的力总是通过固定点（称为力心），这种力对力心的力矩总是为零，因此质点在有心力场中运动时，质点对力心角动量守恒。

【例题精讲】

例 3 - 1 一颗子弹在枪筒里前进时所受的合力大小为 $F = 400 - \dfrac{4 \times 10^5}{3} t$（SI），子弹从枪口射出时速率为 300 m/s。假设子弹离开枪口时合力刚好为零，则子弹在枪筒中所受力的冲量 $I =$ _____；子弹的质量 $m =$ _____。

例 3 - 2 一质量为 1 kg 的物体置于水平地面上，物体与地面之间的静摩擦系数 $\mu_0 = 0.20$，滑动摩擦系数 $\mu = 0.16$，现对物体施一水平拉力 $F = t + 0.96$（SI），则 2 s 末物体的速度大小 $v =$ _____。2 s 末物体的加速度大小 $a =$ _____。

例 3 - 3 质量分别为 m_A 和 m_B（$m_A > m_B$）、速度分别为 $\boldsymbol{v}_A$ 和 $\boldsymbol{v}_B$（$v_A > v_B$）的两质点 A 和 B，受到相同的冲量作用，则_____。

A. A 的动量增量的绝对值比 B 的小

B. A 的动量增量的绝对值比 B 的大

C. A、B 的动量增量相等

D. A、B 的速度增量相等

例 3 - 4 一人用恒力 $\boldsymbol{F}$ 推地上的木箱，经历时间 Δt 未能推动木箱，此推力的冲量等于多少？木箱既然受了力 $\boldsymbol{F}$ 的冲量，为什么它的动量没有改变？

【答】 推力的冲量为 $\boldsymbol{F}\Delta t$。

动量定理中的冲量为合外力的冲量，此时木箱除受力 $\boldsymbol{F}$ 外还受地面的静摩擦力等其他外力，木箱未动说明此时木箱的合外力为零，故合外力的冲量也为零。根据动量定理，木箱动量不发生变化。

例 3-5 如图(a)所示，用传送带 A 输送煤粉，料斗口在 A 上方高 $h=0.5$ m 处，煤粉自料斗口自由落在 A 上。设料斗口连续卸煤的流量为 $q_m=40$ kg/s，A 以 $v=2.0$ m/s 的水平速度匀速向右移动。求装煤的过程中，煤粉对 A 的作用力的大小和方向(不计相对传送带静止的煤粉质重)。

【解】 煤粉自料斗口下落，接触传送带前具有竖直向下的速度 $v_0=\sqrt{2gh}$。

设煤粉与 A 相互作用的 Δt 时间内，落于传送带上的煤粉质量为 $\Delta m=q_m\Delta t$。

设 A 对煤粉的平均作用力为 $\boldsymbol{f}$，由动量定理写出下列分量式：

$$f_x\Delta t=\Delta mv-0,\quad f_y\Delta t=0-(-\Delta mv_0)$$

将 $\Delta m=q_m\Delta t$ 代入得

$$f_x=q_mv,\quad f_y=q_mv_0$$

所以

$$f=\sqrt{f_x^2+f_y^2}=149\ \text{N}$$

$\boldsymbol{f}$ 与 x 轴正向的夹角为

$$\alpha=\arctan\left(\frac{f_y}{f_x}\right)=57.4°$$

由牛顿第三定律知，煤粉对 A 的作用力 $f'=f=149$ N，方向与图(b)中的 $\boldsymbol{f}$ 相反。

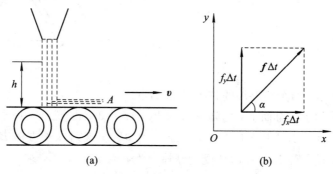

例 3-5 图

例 3-6 在水平冰面上以一定速度向东行驶的炮车，向东南(斜向上)方向发射一炮弹，对于炮车和炮弹这一系统，在此过程中(忽略冰面摩擦力及空气阻力)_____。

A. 总动量守恒

B. 总动量在炮身前进的方向上的分量守恒，其他方向动量不守恒

C. 总动量在水平面上任意方向的分量守恒，竖直方向分量不守恒

D. 总动量在任何方向的分量均不守恒

例 3-7 如图所示，质量为 $M=1.5$ kg 的物体，用一根长为 $l=1.25$ m 的细绳悬挂在天花板上。今有一质量为 $m=10$ g 的子弹以 $v_0=500$ m/s 的水平速度射穿物体，刚穿出物体时子弹的速度大小 $v=30$ m/s，设穿透时间极短，求：

(1) 子弹刚穿出时绳中张力的大小。

(2) 子弹在穿透过程中所受的冲量。

【解】 （1）因穿透时间极短，故可认为物体未离开平衡位置。因此，作用于子弹、物体系统上的外力均在竖直方向，系统在水平方向动量守恒。

令子弹穿出时物体的水平速度为 v'，有

$$mv_0 = mv + Mv'$$

$$v' = \frac{m(v_0 - v)}{M} = 3.13 \text{ m/s}$$

$$T = Mg + \frac{Mv'^2}{l} = 26.5 \text{ N}$$

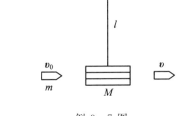

例 3-7 图

(2) $\quad f\Delta t = mv - mv_0 = -4.7 \text{ N} \cdot \text{s}$

设 v_0 方向为正方向，负号表示冲量方向与 v_0 方向相反。

例 3-8 一质量为 m 的质点沿着一条曲线运动，其位置矢量在空间直角坐标系中的表达式为 $\boldsymbol{r} = a\cos\omega t \boldsymbol{i} + b\sin\omega t \boldsymbol{j}$，其中 a、b、ω 皆为常量，则此质点对原点的角动量 $\boldsymbol{L} = $ _____；此质点所受对原点的力矩 $\boldsymbol{M} = $ _____。

【习题精练】

3-1 质量为 m 的质点，以不变速率 v 沿图中正三角形 ABC 的水平光滑轨道运动。质点越过 A 点时，轨道作用于质点的冲量的大小为

_____。

A. mv

B. $\sqrt{2}mv$

C. $\sqrt{3}mv$

D. $2mv$

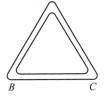

习题 3-1 图

3-2 如图所示，两个长方形的物体 A 和 B 紧靠着静止放在光滑的水平桌面上，已知 $m_A = 2 \text{ kg}$，$m_B = 3 \text{ kg}$。现有一质量 $m = 100 \text{ g}$ 的子弹以速率 $v_0 = 800 \text{ m/s}$ 水平射入长方体 A，经 $t = 0.01 \text{ s}$，又射入长方体 B，最后停留在长方体 B 内未射出。设子弹射入 A 时所受的摩擦力为 $F = 3 \times 10^3 \text{ N}$，求：

(1) 子弹在射入 A 的过程中，B 受到 A 的作用力大小。

(2) 当子弹留在 B 中时，A 和 B 的速度大小。

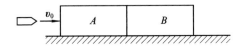

习题 3-2 图

3-3 如图所示一圆锥摆，质量为 m 的小球在水平面内以角速度 ω 匀速转动。在小球转动一周的过程中，求：

(1) 小球动量增量的大小为多少？

(2) 小球所受重力的冲量的大小为多少？

(3) 小球所受绳子拉力的冲量大小为多少？

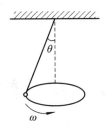

习题 3-3 图

3-4　图中 A、B、C 为质量都是 M 的三个物体，B、C 放在光滑水平桌面上，两者间连有一段长为 0.4 m 的细绳，原先松放着，B、C 靠在一起，B 的另一侧用一跨过桌边定滑轮的细绳与 A 相连。滑轮和绳子的质量及轮轴上的摩擦不计，绳子不可伸长。问：

（1）A、B 起动后，经多长时间 C 也开始运动？

（2）C 开始运动时速度的大小是多少（取 $g = 10$ m/s^2）？

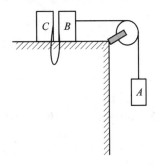

习题 3-4 图

3-5　一质点作匀速率圆周运动时，_____。

A. 它的动量不变，对圆心的角动量也不变

B. 它的动量不变，对圆心的角动量不断改变

C. 它的动量不断改变，对圆心的角动量不变

D. 它的动量不断改变，对圆心的角动量也不断改变

3-6　已知 x 轴沿水平向右，y 轴竖直向下，在 $t = 0$ 时刻将质量为 m 的质点由 $P(b, 0)$ 处静止释放，让它自由下落，则在任意时刻 t，质点所受的对原点 O 的力矩 $\boldsymbol{M} = $ _____；在任意时刻 t，质点对原点 O 的角动量 $\boldsymbol{L} = $ _____。

3-7　两个滑冰运动员的质量各为 70 kg，均以 6.5 m/s 的速率沿相反的方向滑行，滑行路线间的垂直距离为 10 m，当彼此交错时，各抓住一 10 m 长的绳索的一端，然后相对旋转，则抓住绳索之后各自对绳中心的角动量大小 $L = $ _____；它们各自收拢绳索，到绳长为 5 m 时，各自的速率 $v = $ _____。

第4章 功 和 能

【基本要求】

(1) 理解功和能(动能、势能)的概念,掌握变力做功的计算问题。

(2) 掌握质点的动能定理、质点系的动能定理、功能原理和机械能守恒定律。

(3) 掌握保守力、非保守力、势能、保守力做功等概念。

【内容提要】

1. 功

功的定义式:

$$A = \int_A^B \boldsymbol{F} \cdot \mathrm{d}\boldsymbol{r} \Rightarrow A = \int_A^B |\boldsymbol{F}| \cdot \cos\theta \cdot |\mathrm{d}\boldsymbol{r}|$$

注意以下几点:

(1) 功是一个标量,没有方向但有正负。

(2) 功在直角坐标系中表示为

$$A_{AB} = \int_A^B \boldsymbol{F} \cdot \mathrm{d}\boldsymbol{r} = \int_A^B (F_x \, \mathrm{d}x + F_y \, \mathrm{d}y + F_z \, \mathrm{d}z)$$

(3) 质点受几个力作用时,有

$$A_{AB} = \int_A^B (\boldsymbol{F}_1 + \boldsymbol{F}_2 + \cdots) \cdot \mathrm{d}\boldsymbol{r} = \int_A^B \boldsymbol{F}_1 \cdot \mathrm{d}\boldsymbol{r} + \int_A^B \boldsymbol{F}_2 \cdot \mathrm{d}\boldsymbol{r} + \cdots = A_1 + A_2 + \cdots$$

(4) 单位时间内所做的功称为功率。功率用 P 表示,若 $\mathrm{d}t$ 时间内力 $\boldsymbol{F}$ 做功 $\mathrm{d}A$,则有

$$P = \frac{\mathrm{d}A}{\mathrm{d}t} = Fv \cos\theta = \boldsymbol{F} \cdot \boldsymbol{v}$$

可见,力所做功的功率等于力 $\boldsymbol{F}$ 同它的作用点的速度矢量 v 的标积。

2. 动能定理

合外力 $\boldsymbol{F}$ 对物体所做的功等于物体功能的增量,即

$$A_{AB} = \frac{1}{2} m v_B^2 - \frac{1}{2} m v_A^2 = E_{kB} - E_{kA}$$

3. 保守力做功与势能

做功只与物体的始、末位置有关,而与过程所经历的路径无关,这类力称为保守力。做功与路径有关的力则称为非保守力。另一个等价的普遍定义是:沿任意闭合回路做功为零的力,叫做保守力;否则就是非保守力,或称为耗散力。

因为保守力做功只与始、末位置有关,所以可引入某相应的空间位置的函数 $E_p(\boldsymbol{r})$,

称为势能。势能定义如下：

$$A = \int_A^B \boldsymbol{F} \cdot \mathrm{d}\boldsymbol{r} = \int_A^B (F_x \,\mathrm{d}x + F_y \,\mathrm{d}y + F_z \,\mathrm{d}z) = -[E_p(B) - E_p(A)]$$

即保守力做的功等于势能增量的负值。

对于势能概念的理解，注意以下几点：

（1）势能的值与零势能点的选取有关，而势能差与零势能点的选取无关。

（2）势能属于相互作用物体组成的系统。

（3）势能零点的选取是任意的，但选择适当可使问题简化。通常情况下，重力势能的零点选在地球表面；弹力势能的零点选在弹簧的原长处；万有引力势能的零点选在无限远处；有限大带电体的电场中，电势能零点选在无限远处。

4. 常用的几种势能

（1）重力势能：质点在重力场中的势能称为重力势能。如取 y 轴铅垂向上，$y=0$ 的水平面为势能零点位置，则重力势能 $E_p = mgy$。

（2）弹性势能：质点在弹性力场中的势能称为弹性势能。取弹簧的原长处为坐标原点，伸长方向为 x 轴正方向，弹簧的自然状态为势能零点位置，则质点的弹性势能为

$$E_p = \frac{1}{2}kx^2$$

（3）万有引力势能：质点在万有引力场中的势能称为万有引力势能。以引力中心为矢径原点，r 为质点与引力中心间的距离，取 $r=\infty$ 为势能零点处，则万有引力势能为

$$E_p = -\frac{GMm}{r}$$

5. 机械能守恒定律

（1）质点系的动能定理：$A_{ext} + A_{int} = \Delta E_k$。式中，$A_{ext}$ 表示所有外力做功之和，A_{int} 表示所有内力做功之和，ΔE_k 表示质点系动能的增量。该式表明：质点系动能的增量等于所有一切外力和内力所做的功之和。

（2）功能原理：质点系在运动的过程中，所有外力所做的功和所有非保守内力所做的功之和等于系统机械能的增量，即 $A_{ext} + A_{N, int} = \Delta E$。

（3）机械能守恒定律：由功能原理可知，当一个系统只有保守内力做功，即所受的外力和非保守内力不做功时，系统的机械能保持不变。这称为机械能守恒定律。机械能守恒的系统称为保守系统。当有非保守力（如摩擦力和阻力）作用时机械能不再守恒，此时机械能的全部或部分将转化成其他形式的能。

6. 碰撞

碰撞在极短时间内完成，碰撞后物体速度发生突变，所以碰撞力远比一般的作用力大，可不计其他力的影响而认为碰撞前后动量守恒。我们仅讨论两种最简单的碰撞：完全弹性碰撞（$e=1$）和完全非弹性碰撞（$e=0$）。

（1）完全弹性碰撞：碰撞过程中两物体的总动量守恒，总动能也守恒。

动量守恒：$m_1 v_1 + m_2 v_2 = m_1 v_{10} + m_2 v_{20}$

动能守恒：$\frac{1}{2}m_1 v_{10}^2 + \frac{1}{2}m_2 v_{20}^2 = \frac{1}{2}m_1 v_1^2 + \frac{1}{2}m_2 v_2^2$

（2）完全非弹性碰撞：碰撞过程中两物体总动量守恒，机械能不守恒，两物体连接在一起运动，末速度相同。

动量守恒：$m_1 v_{10} + m_2 v_{20} = (m_1 + m_2) v$

损失动能：$\Delta E = E_{k0} - E_k = \dfrac{m_1 m_2 (v_{10} - v_{20})^2}{2(m_1 + m_2)}$

【例题精讲】

例 4-1 一个质点同时在几个力作用下的位移为 $\Delta \boldsymbol{r} = 4\boldsymbol{i} - 5\boldsymbol{j} + 6\boldsymbol{k}$(SI)，其中一个力为恒力 $\boldsymbol{F} = -3\boldsymbol{i} - 5\boldsymbol{j} + 9\boldsymbol{k}$(SI)，则此力在该位移过程中所做的功为_____。

A. -67 J　　　　　　B. 17 J　　　　　　C. 67 J　　　　　　D. 91 J

例 4-2 质量为 m 的汽车，在水平面上沿 x 轴正方向运动，初始位置 $x_0 = 0$，从静止开始加速，在其发动机的功率 P 维持不变、且不计阻力的条件下，证明在时刻 t 其速度表达式为：$v = \sqrt{2Pt/m}$。

【证明】 由 $P = Fv$ 及 $F = ma$ 得

$$P = mav$$

代入 $a = \mathrm{d}v/\mathrm{d}t$ 后得

$$P = mv\frac{\mathrm{d}v}{\mathrm{d}t}$$

由此得 $P\,\mathrm{d}t = mv\,\mathrm{d}v$，两边积分，则有

$$\int_0^t P\,\mathrm{d}t = \int_0^v mv\,\mathrm{d}v$$

所以

$$Pt = \frac{1}{2}mv^2$$

故

$$v = \sqrt{\frac{2Pt}{m}}$$

例 4-3 质量 $m = 1$ kg 的物体，在坐标原点处从静止出发在水平面内沿 x 轴运动，其所受合力方向与运动方向相同，合力大小为 $F = 3 + 2x$(SI)，那么，物体在开始运动的 3 m 内，合力所做的功 $A = $_____；且 $x = 3$ m 时，其速率 $v = $_____。

例 4-4 一质量为 m 的质点在 Oxy 平面上运动，其位置矢量为

$$\boldsymbol{r} = a\cos\omega t\,\boldsymbol{i} + b\sin\omega t\,\boldsymbol{j}\ (\text{SI})$$

式中 a、b、ω 是正值常量，且 $a > b$。

（1）求质点在 A 点$(a, 0)$ 和 B 点$(0, b)$ 时的动能。

（2）求质点所受的合外力 $\boldsymbol{F}$ 以及当质点从 A 点运动到 B 点的过程中 $\boldsymbol{F}$ 的分力 F_x 做的功。

【解】（1）由位矢 $\boldsymbol{r} = a\cos\omega t\,\boldsymbol{i} + b\sin\omega t\,\boldsymbol{j}$(SI)可得

$$x = a\cos\omega t, \quad y = b\sin\omega t$$

故

$$v_x = \frac{\mathrm{d}x}{\mathrm{d}t} = -a\omega\sin\omega t, \quad v_y = \frac{\mathrm{d}y}{\mathrm{d}t} = b\omega\cos\omega t$$

在 A 点$(a, 0)$，$\cos\omega t = 1$，$\sin\omega t = 0$，所以

$$E_{kA} = \frac{1}{2}mv_x^2 + \frac{1}{2}mv_y^2 = \frac{1}{2}mb^2\omega^2$$

在 B 点 $(0,\,b)$，$\cos\omega t = 0$，$\sin\omega t = 1$，所以

$$E_{kB} = \frac{1}{2}mv_x^2 + \frac{1}{2}mv_y^2 = \frac{1}{2}ma^2\omega^2$$

(2) $$\boldsymbol{F} = ma_x\boldsymbol{i} + ma_y\boldsymbol{j} = -ma\omega^2\cos\omega t\,\boldsymbol{i} - mb\omega^2\sin\omega t\,\boldsymbol{j}$$

$$W_x = \int_a^0 F_x\,\mathrm{d}x = -\int_a^0 m\omega^2 a\cos\omega t\,\mathrm{d}x = -\int_a^0 m\omega^2 x\,\mathrm{d}x = \frac{1}{2}ma^2\omega^2$$

例 4-5 已知地球的半径为 R，质量为 M，现有一质量为 m 的物体，在离地面高度为 $2R$ 处。以地球和物体为系统，若取地面为势能零点，则系统的引力势能为_____；若取无穷远处为势能零点，则系统的引力势能为_____。（G 为万有引力常量。）

例 4-6 如图所示，小球沿固定的光滑的 1/4 圆弧从 A 点由静止开始下滑，圆弧半径为 R，则小球在 A 点处的切向加速度 $a_t =$ _____，小球在 B 点处的法向加速度 $a_n =$ _____。

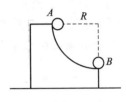

例 4-6 图

例 4-7 对于一个物体系来说，在下列的情况中____，则系统的机械能守恒。

A. 合外力为 0　　　　　　　　　B. 合外力不做功

C. 外力和非保守内力都不做功　　D. 外力和保守内力都不做功

例 4-8 一物体与斜面间的摩擦系数 $\mu = 0.20$，斜面固定，倾角 $\alpha = 45°$。现给予物体以初速率 $v_0 = 10$ m/s，使它沿斜面向上滑，如图所示。求：物体能够上升的最大高度 h；该物体达到最高点后，沿斜面返回到原出发点时的速率 v。

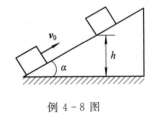

例 4-8 图

【解】 (1) 根据功能原理，有

$$fs = \frac{1}{2}mv_0^2 - mgh$$

$$fs = \frac{\mu Nh}{\sin\alpha} = \mu mgh\frac{\cos\alpha}{\sin\alpha} = \mu mgh\cot\alpha = \frac{1}{2}mv_0^2 - mgh$$

$$h = \frac{v_0^2}{2g(1 + \mu\cot\alpha)} = 4.5 \text{ m}$$

(2) 根据功能原理，有

$$mgh - \frac{1}{2}mv^2 = fs$$

$$\frac{1}{2}mv^2 = mgh - \mu mgh\cot\alpha$$

$$v = [2gh(1 - \mu\cot\alpha)]^{\frac{1}{2}} = 8.16 \text{ m/s}$$

例 4-9 如图(a)所示，在与水平面成 α 角的光滑斜面上放一质量为 m 的物体，此物体系于一劲度系数为 k 的轻弹簧的一端，弹簧的另一端固定。设物体最初静止。今使物体获得一沿斜面向下的速度，设起始动能为 E_{k0}，试求物体在弹簧的伸长达到 x 时的动能。

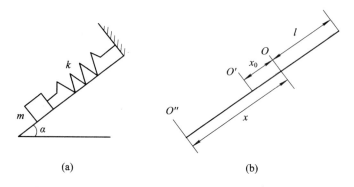

例 4-9 图

【解】 如图(b)所示,设 l 为弹簧的原长,O 处为弹性势能零点;x_0 为挂上物体后的伸长量,O' 为物体的平衡位置;取弹簧伸长 x 时物体所达到的 O'' 处为重力势能的零点。

由题意得物体在 O' 处的机械能为

$$E_1 = E_{k0} + \frac{1}{2}kx_0^2 + mg(x - x_0)\sin\alpha$$

在 O'' 处,其机械能为

$$E_2 = \frac{1}{2}mv^2 + \frac{1}{2}kx^2$$

由于只有保守力做功,因此系统机械能守恒,即

$$E_{k0} + \frac{1}{2}kx_0^2 + mg(x - x_0)\sin\alpha = \frac{1}{2}mv^2 + \frac{1}{2}kx^2$$

在平衡位置有

$$mg\ \sin\alpha = kx_0$$

所以

$$x_0 = \frac{mg\ \sin\alpha}{k}$$

代入上式整理得

$$\frac{1}{2}mv^2 = E_{k0} + mgx\ \sin\alpha - \frac{1}{2}kx^2 - \frac{(mg\ \sin\alpha)^2}{2k}$$

例 4-10 假设卫星环绕地球中心作圆周运动,则在运动过程中,卫星对地球中心的

_____。

A. 角动量守恒,动能也守恒   B. 角动量守恒,动能不守恒

C. 角动量不守恒,动能守恒   D. 角动量守恒,动量也守恒

例 4-11 如图所示,质量 $M = 2.0\ \text{kg}$ 的笼子,用轻弹簧悬挂起来,静止在平衡位置,弹簧伸长 $x_0 = 0.10\ \text{m}$,今有 $m = 2.0\ \text{kg}$ 的油灰由距离笼底高 $h = 0.30\ \text{m}$ 处自由落到笼底上,求笼子向下移动的最大距离。

【解】 油灰与笼底碰前的速度 $v = \sqrt{2gh}$,$k = Mg/x_0$。碰撞后油灰与笼共同运动的速度为 V,应用动量守恒定律 $mv = (m + M)V$,油灰与笼一起向下运动,机械能守恒,下移最大距离 Δx,则

$$\frac{1}{2}k(x_0 + \Delta x)^2 = \frac{1}{2}(M + m)V^2 + \frac{1}{2}kx_0^2 + (M + m)g\Delta x$$

解得

$$\Delta x = \frac{m}{M}x_0 + \sqrt{\frac{m^2 x_0^2}{M^2} + \frac{2m^2 h x_0}{M(M+m)}} = 0.3 \text{ m}$$

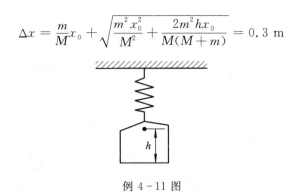

例 4-11 图

【习题精练】

4-1 质量为 10 kg 的质点在力 $\boldsymbol{F}=(7+5x)\boldsymbol{i}$(SI)的作用下沿 x 轴从静止开始作直线运动,从 $x=0$ 到 $x=10$ m 的过程中,力 $\boldsymbol{F}$ 所做的功为_____,质点末态的速度为_____。

4-2 质量 $m=2$ kg 的质点在力 $\boldsymbol{F}=12t\boldsymbol{i}$(SI)的作用下,从静止出发沿 x 轴正向作直线运动,前三秒内该力作用的冲量大小为_____;前三秒内该力所做的功为_____。

4-3 当重物减速下降时,合外力对它做的功_____。

A. 为正值   B. 为负值   C. 为零   D. 先为正值,后为负值

4-4 速度为 v 的子弹,打穿一块不动的木板后速度变为零,设木板对子弹的阻力是恒定的。那么,当子弹射入木板的深度等于其厚度的一半时,子弹的速度是_____。

A. $\frac{1}{4}v$ B. $\frac{1}{3}v$ C. $\frac{1}{2}v$ D. $\frac{1}{\sqrt{2}}v$

4-5 对功的概念以下几种说法中正确的是_____。

(1) 保守力做正功时,系统内相应的势能增加

(2) 质点运动经一闭合路径,保守力对质点做的功为零

(3) 作用力和反作用力大小相等、方向相反,所以两者所做功的代数和必为零

A. (1)、(2)是正确的   B. (2)、(3)是正确的

C. 只有(2)是正确的   D. 只有(3)是正确的

4-6 劲度系数为 k 的弹簧,上端固定,下端悬挂重物,当弹簧伸长 x_0,重物在 O 处达到平衡,取重物在 O 处时各种势能均为零,则当弹簧长度为原长时,系统的重力势能为_____;系统的弹性势能为_____。(答案用 k 和 x_0 表示。)

4-7 如图所示,一人造地球卫星绕地球作椭圆运动,近地点为 A,远地点为 B,A、B 两点距地心分别为 r_1、r_2,设卫星质量为 m,地球质量为 M,万有引力常量为 G,则卫星在 A、B 两点处的万有引力势能之差 $E_{pB}-E_{pA}=$ _____;卫星在 A、B 两点的动能之差 $E_{kB}-E_{kA}=$ _____。

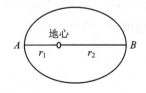

习题 4-7 图

4-8 有人把一物体由静止开始举高 h 时,物体获得速度 v,在此过程中,若人对物体做功为 W,则有 $W=mv^2/2+mgh$,这可以理解为"合外力对物体所做的功等于物体动

能的增量与势能的增量之和"吗？为什么？

4-9 假设在最好的刹车情况下，汽车轮子不在路面上滚动，而仅有滑动，试从功、能的观点出发，证明质量为 m 的汽车以速率 v 沿着水平道路运动时，刹车后，要它停下来所需要的最短距离为 $S = \dfrac{v^2}{2\mu_k g}$（$\mu_k$ 为车轮与路面之间的滑动摩擦系数）。

4-10 如图所示，劲度系数为 k 的弹簧，一端固定于墙上，另一端与一质量为 m_1 的木块 A 相接，A 又与质量为 m_2 的木块 B 用不可伸长的轻绳相连，整个系统放在光滑水平面上。现在以不变的力 $\boldsymbol{F}$ 向右拉 m_2，使 m_2 自平衡位置由静止开始运动，求木块 A、B 系统所受合外力为零时的速度，以及此过程中绳的拉力 $\boldsymbol{T}$ 对 m_2 所做的功。

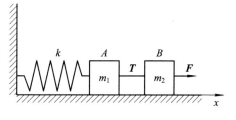

习题 4-10 图

4-11 人造地球卫星绕地球作椭圆轨道运动，卫星轨道近地点和远地点分别为 A 和 B。用 L 和 E_k 分别表示卫星对地心的角动量及其动能的瞬时值，则应有

A. $L_A > L_B$，$E_{kA} > E_{kB}$ 　　　　　B. $L_A = L_B$，$E_{kA} < E_{kB}$

C. $L_A = L_B$，$E_{kA} > E_{kB}$ 　　　　　D. $L_A < L_B$，$E_{kA} < E_{kB}$

4-12 如图所示，质量 m 的小球，以水平速度 v_0 与光滑桌面上质量为 M 的静止斜劈作完全弹性碰撞后竖直弹起，则碰后斜劈的运动速度值 $v = $_____ ；小球上升的高度 $h = $_____ 。

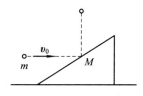

习题 4-12 图

4-13 如图所示，光滑斜面与水平面的夹角为 $\alpha = 30°$，轻质弹簧上端固定。今在弹簧的另一端轻轻地挂上质量为 $M = 1.0\ \text{kg}$ 的木块，则木块沿斜面向下滑动。当木块向下滑 $x = 30\ \text{cm}$ 时，恰好有一质量 $m = 0.01\ \text{kg}$ 的子弹，沿水平方向以速度 $v = 200\ \text{m/s}$ 射中木块并陷在其中。设弹簧的劲度系数为 $k = 25\ \text{N/m}$。求子弹打入木块后它们的共同速度。

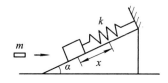

习题 4-13 图

4-14 质量为 M 的很短的试管，用长度为 L、质量可忽略的硬直杆悬挂，如图所示。试管内盛有乙醚液滴，管口用质量为 m 的软木塞封闭。当加热试管时软木塞在乙醚蒸汽的压力下飞出。要使试管绕悬点 O 在竖直平面内作一完整的圆运动，那么软木塞飞出的最小速度为多少？若将硬直杆换成细绳，结果如何？

习题 4-14 图

第5章　刚体力学基础

【基本要求】

（1）掌握刚体定轴转动的特点，理解角位移、角速度、角加速度的概念。

（2）理解转动惯量、力矩的概念，掌握刚体定轴转动定律。

（3）掌握刚体的动能定理和角动量定理。

（4）掌握刚体角动量守恒定律。

【内容提要】

1．刚体定轴转动的运动学描述

（1）角坐标 θ、角位移 $\Delta\theta$：角坐标 θ 表示刚体转动时的位置，一般以逆时针转动为正，反之为负。Δt 时间内对应的角坐标增量 $\Delta\theta$ 就是角位移。

（2）平均角速度：

$$\bar{\omega} = \frac{\Delta\theta}{\Delta t}$$

（3）瞬时角速度：

$$\omega = \lim_{\Delta t \to 0} \frac{\Delta\theta}{\Delta t} = \frac{\mathrm{d}\theta}{\mathrm{d}t}$$

ω 表征刚体转动的快慢。

（4）瞬时角加速度：

$$\beta = \lim_{\Delta t \to 0} \frac{\Delta\omega}{\Delta t} = \frac{\mathrm{d}\omega}{\mathrm{d}t} = \frac{\mathrm{d}^2\theta}{\mathrm{d}t^2}$$

β 描述角速度变化的快慢。

（5）角量与线量的关系：$s = r\theta$、$v = r\omega$、$a_t = r\beta$、$a_n = r\omega^2$。

注意：刚体的定轴转动角速度和角加速度都是矢量，只是方向都沿轴的方向，所以一般可以直接写为标量的形式。

2．刚体定轴转动的转动定律

（1）力矩：力矩表征刚体定轴转动运动状态改变的原因，定义如下：

$$\boldsymbol{M} = \boldsymbol{r} \times \boldsymbol{F}$$

注意以下几点：

① 力矩是个矢量，但在定轴转动中，转动只有两个方向，即顺时针或逆时针，力矩可以用正负来表示。

② 当存在几个外力时，合力矩等于各个力矩的代数和。

（2）转动定律：刚体定轴转动的动力学方程如下：

$$M = J\beta = J\frac{\mathrm{d}\omega}{\mathrm{d}t} = J\frac{\mathrm{d}^2\theta}{\mathrm{d}t^2}$$

此式称为刚体绕定轴转动的转动定律。与牛顿第二定律一样，转动定律也是瞬时关系。

使用刚体转动定律解题时注意：主要看所研究的对象是质点还是刚体。如果是质点，那么分析质点的加速度及质点的受力，用牛顿第二定律来解决；如果是刚体，那么分析刚体的角加速度和转动惯量，分析刚体所受的力矩，用刚体的转动定律来解决；如果是刚体和质点的混合体，那就同时分析，并且借助角量和线量的关系来解决。

3. 转动惯量

转动惯量表征刚体转动的惯性大小，相当于质点力学中的质量。其定义如下：

$$J = \sum_i \Delta m_i r_i^2$$

连续体的情况则写为

$$J = \int r^2\,\mathrm{d}m = \int \rho r^2\,\mathrm{d}V$$

式中，$\mathrm{d}m = \rho\,\mathrm{d}V$ 为质元。

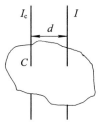

平行轴定理：刚体对空间任意轴 I 的转动惯量 J，等于刚体对过质心 C 并且平行于该轴的轴 I_c 的转动惯量 J_c，加上刚体的质量 m 乘以此两轴（见图 5-1）间距离 d 的二次方，即 $J = J_c + md^2$。

图 5-1

记住几个常用的转动惯量，例如，匀质细杆关于过端点与其垂直的轴的转动惯量 $J = \frac{1}{3}ml^2$，匀质圆盘关于中央垂直轴的转动惯量 $J = \frac{1}{2}mR^2$。

4. 角动量定理与角动量守恒定律

（1）角动量

对绕定轴转动作圆周运动的质点来说，角动量可表示为 $L = mvr$，而 $v = r\omega$，所以角动量一般写为 $L = mr^2\omega = J\omega$。它与质点的动量相似，描述刚体转动运动量的大小。角动量是个矢量，它的方向与角速度的方向相同，定轴转动时只需要用正负来表示。

（2）角动量定理

刚体定轴转动的角动量定理的积分形式如下

$$\int_{t_1}^{t_2} M\,\mathrm{d}t = L_2 - L_1 = J\omega_2 - J\omega_1$$

等式左边的积分叫做外力矩对固定转轴的角冲量，也叫冲量矩。该式表明，对于给定的转轴，作用在刚体上的外力矩的角冲量等于刚体角动量的增量。

注意：当研究对象为一系统时，只要系统中有一个物体是刚体，就必须使用角动量定理或角动量守恒定律，绝不能使用动量定理或动量守恒定律。系统中若有质点，则一定要写出质点对于给定轴的角动量。

（3）角动量守恒定律

由角动量定理可知，当作用于刚体（或质点）上的合外力矩为零或刚体（质点）不受外力矩作用时，刚体的角动量守恒，即 $J\omega =$ 恒量。角动量守恒定律与动量守恒和能量守恒一样，作为自然界的普适定律，也适用于牛顿力学失效的微观、高速（接近光速）的领域。

在遇到质点与刚体的碰撞问题时就不能用动量守恒，而是用角动量守恒来解决问题。

5. 刚体定轴转动的功与能

（1）力矩做功：在刚体的定轴转动过程中，所有内力做功之和为零，外力做功用角量表述，元功为 $dA = \boldsymbol{F} \cdot d\boldsymbol{r} = M\,d\theta$，刚体转动有限角度的过程中合外力矩做功为 $A = \int M\,d\theta$。若 dt 时间内刚体转过 $d\theta$ 角，则力矩的功率为 $P = \dfrac{dA}{dt} = \dfrac{M\,d\theta}{dt} = M\omega$。

（2）转动动能：刚体作定轴转动时，转动动能为 $E_k = \dfrac{1}{2}J\omega^2$。

（3）转动的动能定理：刚体在合外力矩的作用下，功与能的关系如下：

$$A = \int M\,d\theta = \frac{1}{2}J\omega_2^2 - \frac{1}{2}J\omega_1^2$$

此式表明，合外力矩对定轴转动的刚体所做的功等于刚体转动动能的增量，称为刚体绕定轴转动的动能定理。

【例题精讲】

例 5-1 关于刚体对轴的转动惯量，下列说法中正确的是＿＿＿＿。

A. 只取决于刚体的质量，与质量的空间分布和轴的位置无关

B. 取决于刚体的质量和质量的空间分布，与轴的位置无关

C. 取决于刚体的质量、质量的空间分布和轴的位置

D. 只取决于转轴的位置，与刚体的质量和质量的空间分布无关

例 5-2 两个匀质圆盘 A 和 B 的密度分别为 ρ_A 和 ρ_B，若 $\rho_A > \rho_B$，但两圆盘的质量与厚度相同，如两盘对通过盘心垂直于盘面轴的转动惯量各为 J_A 和 J_B，则＿＿＿＿。

A. $J_A > J_B$ B. $J_B > J_A$

C. $J_A = J_B$ D. 不能确定 J_A、J_B 哪个大

例 5-3 将细绳绕在一个具有水平光滑轴的飞轮边缘上，现在在绳端挂一质量为 m 的重物，飞轮的角加速度为 β。如果以拉力 $2mg$ 代替重物拉绳时，飞轮的角加速度将＿＿＿＿。

A. 小于 β B. 大于 β，小于 2β

C. 大于 2β D. 等于 2β

例 5-4 一飞轮作匀减速转动，在 5 s 内角速度由 40π rad/s 减到 10π rad/s，则飞轮在这 5 s 内总共转过了＿＿＿＿圈，飞轮再经＿＿＿＿的时间才能停止转动。

例 5-5 均匀细棒 OA 可绕通过其一端 O 而与棒垂直的水平固定光滑轴转动，如图所示。今使棒从水平位置由静止开始自由下落，在棒摆动到竖直位置的过程中，下述说法中＿＿＿＿是正确的。

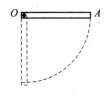

例 5-5 图

A. 角速度从小到大，角加速度从大到小

B. 角速度从小到大，角加速度从小到大

C. 角速度从大到小，角加速度从大到小

D. 角速度从大到小，角加速度从小到大

例 5-6 转动着的飞轮的转动惯量为 J，在 $t=0$ 时角速度为 ω_0。此后飞轮经历制动过程，阻力矩 M 的大小与角速度 ω 的平方成正比，比例系数为 k（$k>0$ 常量）。当 $\omega=\omega_0/3$ 时，飞轮的角加速度 $\beta=$ _____。从开始制动到 $\omega=\omega_0/3$ 所经过的时间 $t=$ _____。

例 5-7 一轻绳绕过一轴光滑的定滑轮，滑轮半径为 R，质量为 $M/4$，均匀分布在其边缘上。绳子的 A 端有一质量 M 的人抓住了绳端，而在另一端 B 系了一质量 $M/2$ 的重物，如图所示。设人从静止开始相对于绳匀速向上爬时，绳与滑轮间无相对滑动，求 B 端重物上升的加速度（已知滑轮对通过滑轮中心且垂直于轮面的轴的转动惯量 $J=MR^2/4$）。

【解】 受力分析如图所示。设重物的对地加速度为 a 向上，则绳的 A 端对地有加速度 a 向下，人相对于绳虽为匀速向上，但相对于地其加速度仍为 a 向下。

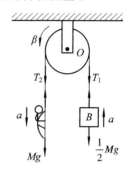

例 5-7 图

根据牛顿第二定律可得

对人：$Mg-T_2=Ma$

对重物：$T_1-\dfrac{1}{2}Mg=\dfrac{1}{2}Ma$

根据转动定律，对滑轮有

$$(T_2-T_1)R=J\beta=\frac{MR^2\beta}{4}$$

因绳与滑轮无相对滑动，故 $a=\beta R$，解上述 4 个联立方程得

$$a=\frac{2g}{7}$$

例 5-8 一轻绳跨过两个质量均为 m、半径均为 r 的均匀圆盘状定滑轮，绳的两端分别挂着质量为 m 和 $2m$ 的重物。如图所示，绳与滑轮间无相对滑动，滑轮轴光滑，两个定滑轮的转动惯量均为 $\dfrac{1}{2}mr^2$。将由两个定滑轮以及质量为 m 和 $2m$ 的重物组成的系统从静止释放，求两滑轮之间绳内的张力。

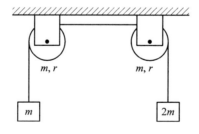

例 5-8 图

【解】 由受力分析可列方程：

$$2mg-T_1=2ma$$

$$T_2-mg=ma$$

$$T_1r-T\,r=\frac{1}{2}mr^2\beta$$

$$T\,r-T_2r=\frac{1}{2}mr^2\beta$$

$$a = r\beta$$

解上述 5 个联立方程得

$$T = \frac{11mg}{8}$$

例 5 - 9 质量分别为 m 和 $2m$、半径分别为 r 和 $2r$ 的两个均匀圆盘，同轴地粘在一起，可以绕通过盘心且垂直盘面的水平光滑固定轴转动，对转轴的转动惯量为 $9mr^2/2$，大小圆盘边缘都绕有绳子，绳子下端都挂一质量为 m 的重物，如图(a)所示。求盘的角加速度的大小。

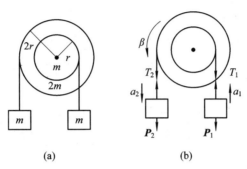

(a)   (b)

例 5 - 9 图

【解】 受力分析如图(b)所示。

$$mg - T_2 = ma_2$$
$$T_1 - mg = ma_1$$
$$T_2 \cdot 2r - T_1 r = \frac{9mr^2\beta}{2}$$
$$2r\beta = a_2$$
$$r\beta = a_1$$

解上述 5 个联立方程，得

$$\beta = \frac{2g}{19r}$$

例 5 - 10 有一半径为 R 的水平圆转台，可绕通过其中心的竖直固定光滑轴转动，转动惯量为 J，开始时转台以匀角速度 ω_0 转动，此时有一质量为 m 的人站在转台中心。随后人沿半径向外跑去，当人到达转台边缘时，转台的角速度为 _____。

A. $\dfrac{J}{J + mR^2}\omega_0$ B. $\dfrac{J}{(J + m)R^2}\omega_0$

C. $\dfrac{J}{mR^2}\omega_0$ D. ω_0

例 5 - 11 如图所示，质量 m、长 l 的棒，可绕通过棒中心且与棒垂直的竖直光滑固定轴 O 在水平面内转动(转动惯量 $J = ml^2/12$)。开始时棒静止，有一质量 m 的子弹在水平面内以速度 v_0 垂直射入棒端并嵌在其中，则子弹嵌入后棒的角速度为 _____；子弹嵌入后系统的转动动能为 _____。

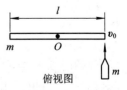

俯视图

例 5 - 11 图

例 5-12 如图所示，A 和 B 两飞轮的轴杆在同一中心线上，设两轮的转动惯量分别为 $J_A = 10\ \text{kg} \cdot \text{m}^2$ 和 $J_B = 20\ \text{kg} \cdot \text{m}^2$。开始时，$A$ 轮转速为 600 rev/min，B 轮静止。C 为摩擦啮合器，其转动惯量可忽略不计。A、B 分别与 C 的左、右两个组件相连，当 C 的左右组件啮合时，B 轮得到加速而 A 轮减速，直到两轮的转速相等为止。设轴光滑，求：

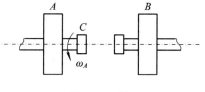

例 5-12 图

（1）两轮啮合后的转速 n。

（2）两轮各自所受的冲量矩。

【解】 （1）选择 A、B 两轮为系统，啮合过程中只有内力矩作用，故系统角动量守恒：

$$J_A \omega_A + J_B \omega_B = (J_A + J_B)\omega$$

又因 $\omega_B = 0$，故

$$\omega = \frac{J_A \omega_A}{J_A + J_B} = 20.9\ \text{rad/s}$$

$$\text{转速}\ n \approx 200\ \text{rev/min}$$

（2）A 轮受的冲量矩为

$$\int M_A\, \mathrm{d}t = J_A \omega - J_A \omega_A = -4.19 \times 10^2\ \text{N} \cdot \text{m} \cdot \text{s}$$

式中，负号表示方向与 $\boldsymbol{\omega}_A$ 相反。

B 轮受的冲量矩为

$$\int M_B\, \mathrm{d}t = J_B \omega - 0 = 4.19 \times 10^2\ \text{N} \cdot \text{m} \cdot \text{s}$$

方向与 $\boldsymbol{\omega}_A$ 相同。

【习题精练】

5-1 有两个半径相同、质量相等的细圆环 A 和 B。A 环的质量分布均匀，B 环的质量分布不均匀。它们对通过环心并与环面垂直的轴的转动惯量分别为 J_A 和 J_B，则_____。

A. $J_A > J_B$ B. $J_A < J_B$

C. $J_A = J_B$ D. 不能确定 J_A、J_B 哪个大

5-2 如图所示，A、B 为两个相同的绕着轻绳的定滑轮。A 滑轮挂一质量为 M 的物体，B 滑轮受拉力 F，而且 $F = Mg$。设 A、B 两滑轮的角加速度分别为 β_A 和 β_B，不计滑轮轴的摩擦，则有_____。

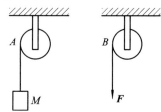

习题 5-2 图

A. $\beta_A = \beta_B$

B. $\beta_A > \beta_B$

C. $\beta_A < \beta_B$

D. 开始时 $\beta_A = \beta_B$，以后 $\beta_A < \beta_B$

5-3 一个以恒定角加速度转动的圆盘，如果在某一时刻的角速度为 $\omega_1 = 20\pi\ \text{rad/s}$，再转 60 转后角速度为 $\omega_2 = 30\pi\ \text{rad/s}$，则角加速度 $\beta =$_____，转过上述 60 转所需的时

间 $\Delta t=$ _____。

5-4 一长为 l、质量可以忽略的直杆，可绕通过其一端的水平光滑轴在竖直平面内作定轴转动，在杆的另一端固定着一质量为 m 的小球，如图所示。现将杆由水平位置无初转速地释放，则杆刚被释放时的角加速度 $\beta_0=$ _____，杆与水平方向夹角为 $60°$ 时的角加速度 $\beta=$ _____。

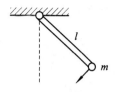

习题 5-4 图

5-5 一个作定轴转动的物体，对转轴的转动惯量为 J，正以角速度 $\omega_0=10 \text{ rad/s}$ 匀速转动。现对物体加一恒定制动力矩 $M=-0.5 \text{ N·m}$，经过时间 $t=5.0 \text{ s}$ 后，物体停止了转动。物体的转动惯量 $J=$ _____，物体初态的转动动能为 _____。

5-6 如图所示，一个质量为 m 的物体与绕在定滑轮上的绳子相连，绳子质量可以忽略，它与定滑轮之间无滑动。假设定滑轮质量为 M、半径为 R，其转动惯量为 $\frac{1}{2}MR^2$，滑轮轴光滑。试求该物体由静止开始下落的过程中，下落速度与时间的关系。

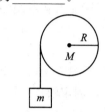

习题 5-6 图

5-7 如图所示，质量为 $M_1=24 \text{ kg}$ 的圆轮可绕水平光滑固定轴转动，一轻绳缠绕于轮上，另一端通过质量为 $M_2=5 \text{ kg}$ 的圆盘形定滑轮悬有 $m=10 \text{ kg}$ 的物体。当重物由静止开始下降了 $h=0.5 \text{ m}$ 时，求：

(1) 物体的速度。

(2) 绳中张力(设绳与定滑轮间无相对滑动，圆轮、定滑轮绕通过轮心且垂直于横截面的水平光滑轴的转动惯量分别为 $J_1=\frac{1}{2}M_1R^2$，$J_2=\frac{1}{2}M_2r^2$)。

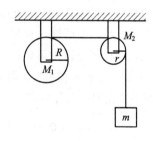

习题 5-7 图

5-8 物体 A 和 B 叠放在水平桌面上，由跨过定滑轮的轻质细绳相连接，如图所示。用大小为 F 的水平力拉 A。设 A、B 和滑轮的质量都为 m，滑轮的半径为 R，对轴的转动惯量 $J=mR^2/2$。AB 之间、A 与桌面之间、滑轮与其轴之间的摩擦都可以忽略不计，绳与滑轮之间无相对的滑动且绳不可伸长。已知 $F=10 \text{ N}$，$m=8.0 \text{ kg}$，$R=0.050 \text{ m}$，求：

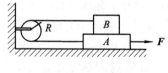

习题 5-8 图

(1) 滑轮的角加速度。

(2) 物体 A 与滑轮之间的绳中的张力。

5-9 一个有竖直光滑固定轴的水平转台，人站立在转台上，身体的中心轴线与转台竖直轴线重合，两臂伸开各举着一个哑铃。当转台转动时，此人把两哑铃水平地收缩到胸前。在这一收缩过程中，问：

(1) 转台、人与哑铃以及地球组成的系统机械能是否守恒？为什么？

(2) 转台、人与哑铃组成的系统角动量是否守恒？为什么？

5-10 质量为 m 的小孩站在半径为 R 的水平平台边缘上，平台可以绕通过其中心的竖直光滑固定轴自由转动，转动惯量为 J。平台和小孩开始时均静止。当小孩突然以相对于地面为 v 的速率在台边缘沿逆时针转向走动时，则此平台相对地面旋转的角速度和旋转方向分别为_____。

A. $\omega = \dfrac{mR^2}{J}\left(\dfrac{v}{R}\right)$，顺时针

B. $\omega = \dfrac{mR^2}{J}\left(\dfrac{v}{R}\right)$，逆时针

C. $\omega = \dfrac{mR^2}{J+mR^2}\left(\dfrac{v}{R}\right)$，顺时针

D. $\omega = \dfrac{mR^2}{J+mR^2}\left(\dfrac{v}{R}\right)$，逆时针

5-11　如图所示，一匀质木球固定在一细棒下端，可绕水平光滑固定轴 O 转动。今有一子弹沿着与水平面成一角度的方向击中木球而嵌于其中，则在此击中过程中，木球、子弹、细棒系统的_____守恒，木球被击中后棒和球升高的过程中，木球、子弹、细棒、地球系统的_____守恒。

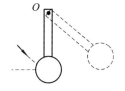

习题 5-11 图

5-12　质量 $M=0.03$ kg，长 $l=0.2$ m 的均匀细棒，在一水平面内绕通过棒中心并与棒垂直的光滑固定轴自由转动，细棒上套有两个可沿棒滑动的小物体，每个质量都为 $m=0.02$ kg。开始时，两小物体分别被固定在棒中心的两侧且距棒中心各为 $r=0.05$ m，此系统以 $n_1=15$ rev/min 的转速转动。若将小物体松开，设它们在滑动过程中受到的阻力正比于它们相对棒的速度（已知棒对中心轴的转动惯量为 $Ml^2/12$），求：

(1) 当两小物体到达棒端时，系统的角速度是多少？

(2) 当两小物体飞离棒端，棒的角速度是多少？

5-13　一根放在水平光滑桌面上的匀质棒，可绕通过其一端的竖直固定光滑轴 O 转动。棒的质量为 $m=1.5$ kg，长度为 $l=1.0$ m，对轴的转动惯量为 $J=\dfrac{1}{3}ml^2$，初始时棒静止。今有一水平运动的子弹垂直地射入棒的另一端，并留在棒中，如图所示。子弹的质量为 $m'=0.020$ kg，速率为 $v=400$ m/s。试问：

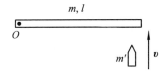

习题 5-13 图

(1) 棒开始和子弹一起转动时角速度 ω 有多大？

(2) 若棒转动时受到大小为 $M_r=4.0$ N·m 的恒定阻力矩作用，棒能转过多大的角度 θ？

第6章 振　　动

【基本要求】

(1) 掌握简谐运动的基本概念和简谐运动特征量的意义及相互关系。

(2) 掌握旋转矢量法，以及分析和解决有关简谐运动的问题。

(3) 理解简谐运动的能量特征，并能进行有关计算。

(4) 理解同方向、同频率的两个简谐运动的合成规律，掌握合振幅极大和极小的条件。

(5) 了解同方向、不同频率的简谐运动的合成和相互垂直的两个运动的合成。

【内容提要】

1. 简谐运动

物体离开平衡位置的位移（或角位移）按余弦（正弦）函数的规律随时间变化，这种运动叫做简谐运动。

(1) 弹簧振子：由一质量可忽略的弹簧和一个刚体（视为质点）构成的理想模型。当质点离开平衡位置的位移为 x 时，它受到的弹性力为

$$F = -kx$$

由牛顿第二定律可以得到简谐运动的微分方程

$$\frac{\mathrm{d}^2 x}{\mathrm{d}t^2} + \omega^2 x = 0$$

它的解为

$$x = A\cos(\omega t + \varphi)$$

此式是简谐运动的运动方程。

(2) 简谐运动的速度和加速度：

$$v = \frac{\mathrm{d}x}{\mathrm{d}t} = -\omega A\sin(\omega t + \varphi) = \omega A\cos\left(\omega t + \varphi + \frac{\pi}{2}\right)$$

$$a = \frac{\mathrm{d}^2 x}{\mathrm{d}t^2} = -\omega^2 A\cos(\omega t + \varphi) = \omega^2 A\cos(\omega t + \varphi + \pi)$$

或

$$a = \frac{\mathrm{d}^2 x}{\mathrm{d}t^2} = -\omega^2 x$$

可见简谐运动的加速度和位移成正比且反向。

2. 描述简谐运动的物理量

(1) 振幅：做简谐运动的物体离开平衡位置最大位移的绝对值称为振幅，记做 A。振幅反映了振动的强弱，大小由初始条件决定。

（2）周期、频率和圆频率：物体作一次完全振动所用的时间 T 称为周期，单位为秒；振动物体在单位时间内所作完全振动的次数 ν 称为频率，单位为赫兹；振动物体在 2π 秒内所作的完全振动次数 ω 称为圆频率，单位为弧度/秒。它们的大小均由振动系统本身的性质决定，三者之间的关系分别为

$$\nu = 1/T, \quad \omega = 2\pi\nu = 2\pi/T$$

对弹簧振子系统有

$$\omega = \sqrt{\frac{k}{m}}, \quad T = 2\pi\sqrt{\frac{m}{k}}$$

对于单摆系统有

$$\omega = \sqrt{\frac{g}{l}}, \quad T = 2\pi\sqrt{\frac{l}{g}}$$

（3）相位和初相：简谐运动中，当 A、ω 给定后，物体的状态（位置和速度）取决于 $\omega t + \varphi$，$\omega t + \varphi$ 称为相位。因此相位是决定振动物体运动状态的物理量。φ 是 $t=0$ 时的相位，称为初相。

对于给定的系统，ω 是确定的，A 和 φ 则可以由初始条件确定，即 $t=0$ 时，$x=x_0$，$v=v_0$，则

$$A = \sqrt{x_0^2 + \frac{v_0^2}{\omega^2}}, \quad \varphi = \arctan\left(-\frac{v_0}{\omega x_0}\right)$$

注意，最好记住下列几个特殊状态的相位，如：

① 状态：$x=A$，$v=0$，相位为 0。

② 状态：$x=0$，$v<0$，相位为 $\pi/2$。

③ 状态：$x=-A$，$v=0$，相位为 π。

④ 状态：$x=0$，$v>0$，相位为 $3\pi/2$。

相位 $\omega t + \varphi = 2\pi$，系统回到初始状态，见图 6-1。

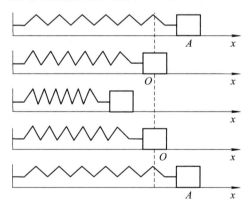

图 6-1

（4）相位差：两个作同频率简谐运动的物体在同一时刻的相位差等于其初相差而与时间无关，即

$$\Delta\varphi = (\omega t + \varphi_2) - (\omega t + \varphi_1) = \varphi_2 - \varphi_1$$

当 $\Delta\varphi = 0$（或 $2k\pi$）时，两质点同相，振动的步调相同；当 $\Delta\varphi = \pi$（或 $(2k+1)\pi$）时，两质点反

相，振动的步调相反；当 $\Delta\varphi>0$ 时，x_2 振动超前 x_1，或 x_1 落后于 x_2；当 $\Delta\varphi<0$ 时，x_1 振动超前 x_2，或 x_2 落后于 x_1。

一个作简谐运动的物体在不同时刻的相位差取决于时间差，即

$$\Delta\varphi = (\omega t_2 + \varphi) - (\omega t_1 + \varphi) = \omega(t_2 - t_1)$$

3. 旋转矢量法

如图 6-2 所示，设一矢量 $\boldsymbol{A}$ 以角速度 ω 绕原点 O 逆时针匀速旋转，用矢量 $\boldsymbol{A}$ 的端点在 x 轴上的投影点的运动可以描述简谐运动。

旋转矢量法的优点是直观，在求初相 φ 及研究振动的叠加时比较方便，可避免一些复杂的数学运算。规定如下：

(1) 旋转矢量 $\boldsymbol{A}$ 的长度（即 $\boldsymbol{A}$ 的模）等于谐振动的振幅 A。

(2) $t=0$ 时，$\boldsymbol{A}$ 与 x 轴正方向间的夹角 φ 等于谐振动的初相；t 时刻它与 x 的夹角 $\omega t + \varphi$ 为该时刻谐振动的相位。

(3) $\boldsymbol{A}$ 作逆时针匀速转动的角速度 ω 等于谐振动的角频率。

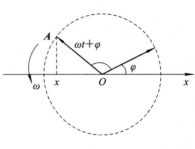

图 6-2

注意以下几点：

(1) 旋转矢量是研究谐振动的一种直观、简便方法。

(2) 旋转矢量本身并不作谐振动，而是它的矢端在 x 轴上的投影点在 x 轴上作谐振动。

(3) 相位差：对某一谐振动，t_1、t_2 时刻的位相差为 $\Delta\varphi = \omega(t_2 - t_1) = \omega\Delta t$。$\Delta\varphi$ 正是旋转矢量在 Δt 时间内转过的角度，由此可求 $\Delta t = \Delta\varphi/\omega$。

4. 简谐运动的能量

以弹簧振子为例，$x = A\cos(\omega t + \varphi)$，$\upsilon = -\omega A\sin(\omega t + \varphi)$。

动能：$E_{\text{k}} = \dfrac{1}{2}m\upsilon^2 = \dfrac{1}{2}m\omega^2 A^2\sin^2(\omega t + \varphi) = \dfrac{1}{2}kA^2\sin^2(\omega t + \varphi)$

势能：$E_{\text{p}} = \dfrac{1}{2}kx^2 = \dfrac{1}{2}kA^2\cos^2(\omega t + \varphi)$

系统总能量守恒：$E = E_{\text{k}} + E_{\text{p}} = \dfrac{1}{2}kA^2$

可见，振幅不仅给出了简谐运动的运动范围，还反映了振动系统总能量的大小以及振动的强度。

5. 振动的合成

(1) 同一直线上同频率的简谐运动的合成

设两个分振动方程为 $x_1 = A_1\cos(\omega t + \varphi_1)$，$x_2 = A_2\cos(\omega t + \varphi_2)$，其合振动为

$$x = x_1 + x_2 = A\cos(\omega t + \varphi)$$

$$A = \sqrt{A_1^2 + A_2^2 + 2A_1 A_2\cos(\varphi_2 - \varphi_1)}$$

$$\tan\varphi = \frac{A_1\sin\varphi_1 + A_2\sin\varphi_2}{A_1\cos\varphi_1 + A_2\cos\varphi_2}$$

注意以下几点：

① 两个分振动同相，即 $\varphi_2 - \varphi_1 = \pm 2k\pi$，$k = 0, 1, 2, \cdots$

合振幅最大：$A = A_2 + A_1$，$\varphi = \varphi_1 = \varphi_2$。

② 两个分振动反相，即 $\varphi_2 - \varphi_1 = (2k+1)\pi$，$k = 0, 1, 2, \cdots$

合振幅最小：$A = |A_2 - A_1|$，当 $A_1 > A_2$ 时，$\varphi = \varphi_1$；当 $A_1 < A_2$ 时，$\varphi = \varphi_2$；当 $A_1 = A_2$ 时，$A = 0$，说明两个同幅反相的振动合成的结果将使质点处于静止状态。

（2）同一直线上不同频率的简谐运动的合成

设两个谐振动分别为 $x_1 = A\cos(\omega_1 t + \varphi)$，$x_2 = A\cos(\omega_2 t + \varphi)$，其合振动的表达式为

$$x = x_1 + x_2 = 2A\cos\frac{\omega_2 - \omega_1}{2}t\cos\left(\frac{\omega_2 + \omega_1}{2}t + \varphi\right)$$

此振动已不再是简谐振动。但当 $\omega_2 - \omega_1 \ll \omega_2 + \omega_1$ 时，式中第一项随时间的变化比后一项要缓慢得多，因此可以近似将合振动看成：振幅按照 $\left|2A\cos\frac{\omega_2 - \omega_1}{2}t\right|$ 缓慢的变化，角频率为 $\omega = \frac{\omega_1 + \omega_2}{2}$ 的谐振动。由于振幅的这种改变是周期性的，所以就出现了振动忽强忽弱的现象（拍）。单位时间内振动加强或减弱的次数叫拍频。

（3）两个相互垂直的简谐振动的合成

设振动分别在 x、y 轴上进行：$x = A_1\cos(\omega t + \varphi_1)$，$y = A_2\cos(\omega t + \varphi_2)$。消去 t 可得到合振动的轨迹方程：

$$\frac{x^2}{A_1^2} + \frac{y^2}{A_2^2} - \frac{2xy}{A_1 A_2}\cos(\varphi_2 - \varphi_1) = \sin^2(\varphi_2 - \varphi_1)$$

这是一个椭圆方程，它的形状由两分振动的振幅及相位差 $\varphi_2 - \varphi_1$ 的值决定。下面给出两种特殊情况：

① 若 $\Delta\varphi = \varphi_2 - \varphi_1 = 0$，则有 $y = \frac{A_2}{A_1}x$，合振动的轨迹是一条通过原点的直线。

② 若 $\Delta\varphi = \varphi_2 - \varphi_1 = \frac{\pi}{2}$，则有 $\frac{x^2}{A_1^2} + \frac{y^2}{A_2^2} = 1$，合振动的轨迹为一个正椭圆。

两个频率不同但频率成整数比的相互垂直的简谐振动，其合成运动轨迹为李萨如图形。

【例题精讲】

例 6-1 一质点作简谐振动，振动方程为 $x = A\cos(\omega t + \varphi)$，当时间 $t = T/2$（T 为周期）时，质点的速度为_____。

A. $-A\omega\sin\varphi$ B. $A\omega\sin\varphi$

C. $-A\omega\cos\varphi$ D. $A\omega\cos\varphi$

例 6-2 一质量为 0.20 kg 的质点作简谐振动，其振动方程为

$$x = 0.6\cos\left(5t - \frac{1}{2}\pi\right)(\text{SI})$$

求：

（1）质点的初速度。

（2）质点在正向最大位移一半处所受的力。

【解】 （1）
$$v = \frac{dx}{dt} = -3.0 \sin\left(5t - \frac{\pi}{2}\right)$$

$$t_0 = 0 \text{ 时}: v_0 = 3.0 \text{ m/s}$$

（2）
$$F = ma = -m\omega^2 x$$

$$x = \frac{1}{2}A \text{ 时}: F = -1.5 \text{ N}$$

例 6-3 一质点作简谐振动，其振动方程为 $x = 0.24 \cos\left(\frac{1}{2}\pi t + \frac{1}{3}\pi\right)$ (SI)，试用旋转矢量法求出质点由初始状态($t = 0$ 的状态)运动到 $x = -0.12$ m、$v < 0$ 的状态所需最短时间 Δt。

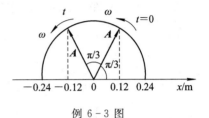

例 6-3 图

【解】 旋转矢量如图所示。

由振动方程和图示可看出

$$\omega = \frac{1}{2}\pi, \quad \Delta\varphi = \frac{1}{3}\pi$$

$$\Delta t = \frac{\Delta\varphi}{\omega} = 0.667 \text{s}$$

例 6-4 一简谐振动的表达式为 $x = A \cos(3t + \varphi)$，已知 $t = 0$ 时的初位移为 0.04 m，初速度为 0.09 m/s，则振幅 $A =$ _____，初相 $\varphi =$ _____。

例 6-5 一质点作简谐振动，其运动速度与时间的曲线如图所示。若质点的振动规律用余弦函数描述，则其初相应为 _____。

A. $\pi/6$ B. $5\pi/6$ C. $-5\pi/6$ D. $-\pi/6$

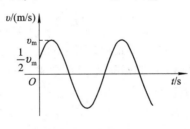

例 6-5 图

例 6-6 一弹簧振子作简谐振动，当其偏离平衡位置的位移大小为振幅的 1/4 时，其动能为振动总能量的 _____。

A. 7/16   B. 9/16   C. 11/16   D. 15/16

例 6-7 把单摆摆球从平衡位置向位移正方向拉开，使摆线与竖直方向成一微小角度 θ，然后由静止放手任其振动，从放手时开始计时。若用余弦函数表示其运动方程，则该单摆振动的初相为 _____。

A. π B. $\pi/2$ C. 0   D. θ

例 6-8 一单摆的悬线长 $l = 1.5$ m，在顶端固定点的竖直下方 0.45 m 处有一小钉，如图所示。设摆动很小，则单摆的左右两方振幅之比 A_1/A_2 的近似值为 _____，两方周期之比 T_1/T_2 的近似值为 _____。

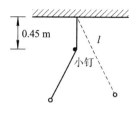

例 6-8 图

例 6-9 如图所示的是两个简谐振动的振动曲线，它们合成的余弦振动的初相为
_____。

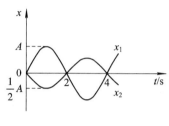

例 6-9 图

【习题精练】

6-1 轻弹簧上端固定，下系一质量为 m_1 的物体，稳定后在 m_1 下边又系一质量为 m_2 的物体，于是弹簧又伸长了 Δx。若将 m_2 移去，并令其振动，则振动周期为_____。

A. $T=2\pi\sqrt{\dfrac{m_2\Delta x}{m_1 g}}$ 　　　　　　　　B. $T=2\pi\sqrt{\dfrac{m_1\Delta x}{m_2 g}}$

C. $T=\dfrac{1}{2\pi}\sqrt{\dfrac{m_1\Delta x}{m_2 g}}$ 　　　　　　D. $T=2\pi\sqrt{\dfrac{m_2\Delta x}{(m_1+m_2)g}}$

6-2 在竖直面内半径为 R 的一段光滑圆弧形轨道上，放一小物体，使其静止于轨道的最低处，然后轻碰一下此物体，使其沿圆弧形轨道来回作小幅度运动，如图所示。此物体的运动是否是简谐振动？为什么？

习题 6-2 图

6-3 质量为 2 kg 的质点，按方程 $x=0.2\sin[5t-(\pi/6)]$(SI)沿着 x 轴振动，求：

(1) $t=0$ 时，作用于质点的力的大小。

(2) 作用于质点的力的最大值和此时质点的位置。

6-4 在一竖直轻弹簧的下端悬挂一小球，弹簧被拉长 $l_0=1.2$ cm 而平衡，再经拉动后，该小球在竖直方向作振幅为 $A=2$ cm 的振动。试证此振动为简谐振动；选小球在正最大位移处开始计时，写出此振动的数值表达式。

6-5 已知某简谐振动的振动曲线，如图所示，位移的单位为厘米，时间单位为秒，则此简谐振动的振动方程为_____。

A. $x = 2\cos\left(\dfrac{2}{3}\pi t + \dfrac{2}{3}\pi\right)$ 　　　　B. $x = 2\cos\left(\dfrac{2}{3}\pi t - \dfrac{2}{3}\pi\right)$

C. $x = 2\cos\left(\dfrac{4}{3}\pi t + \dfrac{2}{3}\pi\right)$ 　　　　D. $x = 2\cos\left(\dfrac{4}{3}\pi t - \dfrac{2}{3}\pi\right)$

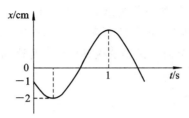

习题 6-5 图

6-6 如图所示，用余弦函数描述一简谐振动。已知振幅为 A，周期为 T，初相 $\varphi = -\dfrac{1}{3}\pi$，则振动曲线为_____。

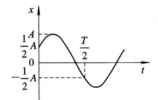 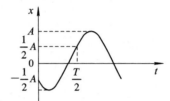

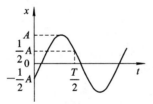 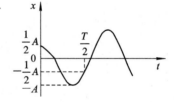

习题 6-6 图

6-7 一质点作简谐振动，其振动曲线如图所示。根据此图，它的周期 $T =$ _____，用余弦函数描述时初相 $\varphi =$ _____。

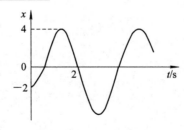

习题 6-7 图

6-8 一质点沿 x 轴作简谐振动，振动范围的中心点为 x 轴的原点。已知周期为 T，振幅为 A。

（1）当 $t = 0$ 时，质点过 $x = 0$ 处且朝 x 轴正方向运动，则振动方程为 $x =$ _____。

（2）当 $t = 0$ 时，质点处于 $x = \frac{1}{2}A$ 处且向 x 轴负方向运动，则振动方程为 $x =$

_____。

6-9 一质点作简谐振动，其振动方程为 $x = 6.0 \times 10^{-2} \cos\left(\frac{1}{3}\pi t - \frac{1}{4}\pi\right)$ (SI)。问：

（1）当 x 值为多大时，系统的势能为总能量的一半？

（2）质点从平衡位置移动到上述位置所需最短时间为多少？

6-10 图中所画的是两个简谐振动的振动曲线。若这两个简谐振动可叠加，则合成的余弦振动的初相为_____。

A. $\frac{3}{2}\pi$ B. π C. $\frac{1}{2}\pi$ D. 0

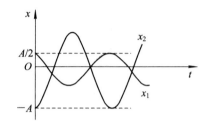

习题 6-10 图

第 7 章 波 动

【基本要求】

（1）理解机械波产生的条件，掌握平面简谐波波函数的表达方法及波函数的物理意义。理解描写波动的基本物理量（波长 λ、波速 u、频率 ν）的意义以及它们之间的相互关系。

（2）理解波的相干条件，能应用相位差和波程差分析、确定相干波叠加后振幅加强和减弱的条件。

（3）理解驻波及其形成条件，了解驻波和行波的区别。

（4）了解波的能量传播特征、能流及能流密度概念。

（5）了解机械波的多普勒效应及其产生原因。

【内容提要】

1. 机械波的形成与传播

（1）波的概念

振动状态沿空间的传播称为波动或行波。机械振动在介质中的传播称为机械波。波动不是物质的传播，而是振动状态（能量）的传播。

波的产生条件：① 波源；② 传播介质。

行波按照介质中各质点的振动方向与波的传播方向垂直或平行分为横波和纵波。

（2）描述波的物理量

① 波长 λ：同一波线上相位差为 2π 的两个质点间的距离（即一个完整波的长度）。在横波情况下，波长可用相邻波峰或相邻波谷之间的距离表示；在纵波情况下，波长可用相邻的密集部分中心或相邻的稀疏部分中心之间的距离表示。

② 波的周期 T 和频率 ν：波前进一个波长距离所用的时间（或一个完整波形通过波线上某点所需要的时间）称为周期；单位时间内前进的距离中包含的完整波形数目称为频率。两者的关系为 $\nu = 1/T$。

③ 波速 u：振动状态（相位）在空间传播的速度称为波速。波速与波的特性无关，只取决于传播介质的性质。波速与波长和周期、频率的关系为 $u = \lambda/T = \lambda\nu$。

2. 简谐波

简谐运动的传播形成简谐波，又叫余弦波或正弦波。简谐波在各向均匀介质中传播时各质元也都作简谐振动，但步调不同，沿波的传播方向各质元的相位依次落后。

（1）简谐波的波函数

描述各质元任意时间位移的函数称为波函数。

若已知原点 O 的振动规律：

$$y_O = A \cos(\omega t + \varphi)$$

如图 7-1 所示，则任意位置处质点的振动规律为

$$y = A \cos\left[\omega\left(t - \frac{x}{u}\right) + \varphi\right]$$

即为平面简谐波的波函数。

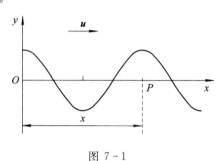

图 7-1

（2）波函数的物理含义

① 对于给定的 x，波函数仅是时间 t 的余弦函数，是位于 x 处质元的振动方程，表示各质元作周期为 T 的简谐振动，反映波动的时间周期性，特征量为周期 T。此时 $y(x)-t$ 的关系曲线为该质元的振动曲线，相当于对质元 x 跟踪录像。

② 对于给定的 t，波函数仅是空间位置 x 的余弦函数，是空间所有质元在该瞬时的位移分布，表示某一位移沿波的传播方向每 λ 间隔重复出现，反映出波动的空间周期性，特征量为波长 λ。此时的 $y(t)-x$ 关系曲线为 t 瞬时空间所有质元的位移分布曲线，称为 t 瞬时的波形曲线，相当于对空间所有质元拍照。

③ 当 x 和 t 同时变化时，波函数是 x 和 t 的二元函数，表示任意时刻 t、任意位置 x 的质元的振动位移情况，且有 $y(x+u\Delta t, t+\Delta t) = y(x, t)$，表示了振动状态的传播，所以又称为行波。

（3）波函数的其他形式

波函数还具有下列形式：

$$y = A \cos\left[2\pi\left(\frac{t}{T} - \frac{x}{\lambda}\right) + \varphi\right]$$

$$y = A \cos\left[2\pi\left(\nu t - \frac{x}{\lambda}\right) + \varphi\right]$$

$$y = A \cos\left(\omega t - \frac{2\pi}{\lambda}x + \varphi\right)$$

（4）负向传播的波函数

负向传播的波函数形式如下：

$$y = A \cos\left[\omega\left(t + \frac{x}{u}\right) + \varphi\right]$$

3. 波的能量

（1）波动能量的传播

介质中振动状态传播的同时也伴随着能量的传播，这是波动的一个重要特征。波是能量传播的一种形式。设纵波 $y = A \cos\omega\left(t - \frac{x}{u}\right)$ 在密度为 ρ 的细长棒中传播，某小体元 ΔV

的振动动能、弹性势能和总能量分别为

$$\Delta W_{\mathrm{k}} = \frac{1}{2}\Delta mv^2 = \frac{1}{2}\rho\Delta VA^2\omega^2\sin^2\omega\left(t-\frac{x}{u}\right)$$

$$\Delta W_{\mathrm{p}} = \frac{1}{2}k(\Delta y)^2 = \frac{1}{2}\rho\Delta VA^2\omega^2\sin^2\omega\left(t-\frac{x}{u}\right)$$

$$\Delta W = \Delta W_{\mathrm{k}} + \Delta W_{\mathrm{p}} = \rho\Delta VA^2\omega^2\sin^2\omega\left(t-\frac{x}{u}\right)$$

注意：任一质元的动能和弹性势能是同相变化且相等的，在平衡位置处最大，最大位移处最小。

（2）平均能量密度和波的强度

① 平均能量密度：能量密度在一个周期内的平均值称为波的平均能量密度，即

$$\overline{w} = \frac{1}{2}\rho A^2\omega^2$$

② 平均能流（波的功率）：单位时间内通过垂直于波的传播方向上 S 面积的平均能量，即

$$\overline{P} = uS\overline{w} = \frac{1}{2}uS\rho A^2\omega^2$$

③ 平均能流密度（波的强度）：单位时间内通过垂直于波的传播方向上单位面积的平均能量，即

$$I = \frac{\overline{P}}{S} = \frac{1}{2}u\rho A^2\omega^2 = u\overline{w}$$

I 的单位为 $\mathrm{W/m^2}$。

4. 惠更斯原理

惠更斯定理：媒质中波动传到的各点，都可以看做是发射子波的波源，而在其后的任意时刻，这些子波的包络面就是新的波面，如图 7-2 和图 7-3 所示，可以说明波的衍射现象、反射定律和折射定律等。

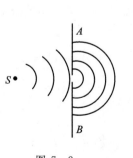

图 7-2

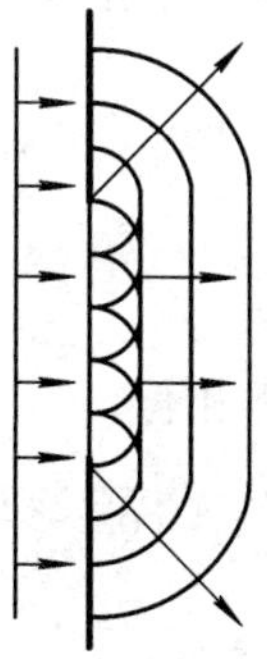

图 7-3

5. 波的叠加和驻波

（1）波的叠加原理

当两列或两列以上的波在同一介质中传播时，在它们的交叠区域内，各列波均保持自己的振动方向、振幅及频率不变，它们的传播互不干扰，就像其他波完全不存在一样。介质

中各质点的振动是每列波单独引起的振动的合成。这称为波的独立传播原理或叠加原理。

（2）波的干涉

如果在两列波相遇的区域内，某些点的振动始终加强，而某些点的振动始终减弱，则称这种稳定加强和减弱的现象为波的干涉。

干涉现象也是波动的基本特征之一。稳定的加强和减弱指的是该点质元的合振幅 A 不随时间变化。

两列波为相干波的条件：振动方向相同、振动频率相同、同相位或相位差恒定。

（3）驻波

当两列振动方向、频率及振幅均相同的相干波在同一直线上沿相反方向传播时，形成一种特殊形式的波——驻波。

设两反向传播的平面简谐波为

$$y_1 = A\cos\left(2\pi\nu t - \frac{2\pi}{\lambda}x + \varphi_1\right)$$

$$y_2 = A\cos\left(2\pi\nu t + \frac{2\pi}{\lambda}x + \varphi_2\right)$$

则叠加后的驻波方程为

$$y = y_1 + y_2 = 2A\cos\left(\frac{2\pi}{\lambda}x + \frac{\varphi_2 - \varphi_1}{2}\right)\cos\left(2\pi\nu t + \frac{\varphi_2 + \varphi_1}{2}\right)$$

若 $\varphi_1 = \varphi_2 = 0$，则驻波方程为

$$y = y_1 + y_2 = 2A\cos\left(\frac{2\pi}{\lambda}x\right)\cos(2\pi\nu t)$$

驻波特点：

① 由驻波方程知，x 给定时，则驻波方程变成了坐标为 x 处质点的振动方程，振幅为 $2A\left|\cos\dfrac{2\pi x}{\lambda}\right|$，相位为 $2\pi\nu t$。不同点的振幅可能不同。

② 波节和波腹：当振幅 $2A\left|\cos\dfrac{2\pi x}{\lambda}\right| = 0$ 时，x 对应的质点始终不动，这些点称为波节；当 $\left|\cos\dfrac{2\pi x}{\lambda}\right| = 1$ 时，x 对应的质点振动最强，这些点称为波腹。相邻波节或相邻波腹距离为 $\dfrac{\lambda}{2}$。

③ 驻波中各点相位：

$$\begin{cases} 2A\cos\dfrac{2\pi x}{\lambda} > 0 & x \text{ 对应的各点振动相位均为 } 2\pi\nu t \\ 2A\cos\dfrac{2\pi x}{\lambda} < 0 & x \text{ 对应的各点振动相位均为 } 2\pi\nu t + \pi \end{cases}$$

所以相邻波节间各点相位相同；波节两边质点相位相反。可知，相邻波节间质点同步一齐振动，波节两边质点反方向振动。

④ 驻波每时刻都有一定波形，波形不传播；这是一种特殊形式的振动，它不传播能量，能量在相邻的波节和波腹间来回流动，通过任一波节的净能流密度为零。

⑤ 半波损失：波在固定端反射时反射处形成波节，波在自由端反射时反射处形成波

腹。波在固定端反射时形成波节，说明在该点入射波与反射波的振动相位相反，即反射波有 π 的相位突变，出现"半波损失"。半波损失条件：当波从波疏介质垂直入射到波密介质时，反射波出现"半波损失"。

$$\text{波密介质} \xrightleftharpoons[\text{反射波有半波损失}]{\text{反射波无半波损失}} \text{波疏介质}$$

⑥ 简正模式：两端固定、长度为 l 的弦线上若产生驻波，因两固定端为波节，又因相邻波节的间距为 $\lambda/2$，故必有 $l=n\lambda_n/2$，$n=1,2,3,\cdots$。所以，只有波长 $\lambda_n=2l/n$，即频率 $\nu_n=nu/(2l)$ 的波才能在该弦线上形成驻波。

6. 多普勒效应

接收器接收到的频率与接收器（R）及波源（S）的运动有关，此种现象被称为多普勒效应或多普勒频移。接收频率与波源发射频率的关系为

$$\nu_R = \frac{u+v_R}{u-v_S}\nu_S$$

【例题精讲】

例 7-1 一平面简谐波，波速为 6.0 m/s，振动周期为 0.1 s，则波长为 _____。在波的传播方向上，有两质点（其间距离小于波长）的振动相位差为 $5\pi/6$，则此两质点相距 _____。

例 7-2 一平面简谐机械波沿 x 轴正方向传播，波动表达式为 $y=0.2\cos(\pi t-\pi x/2)$（SI），则波速 $u=$ _____；$x=-3$ m 处媒质质点的振动加速度 a 的表达式为 _____。

例 7-3 已知波长为 λ 的平面简谐波沿 x 轴负方向传播。$x=\lambda/4$ 处质点的振动方程为 $y=A\cos\dfrac{2\pi}{\lambda}\cdot ut$（SI）。

（1）写出该平面简谐波的表达式。

（2）画出 $t=T$ 时刻的波形图。

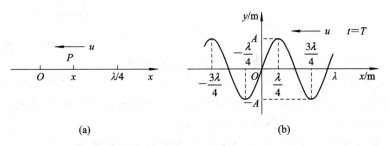

例 7-3 图

【解】 （1）如图（a）所示，取波线上任一点 P，其坐标设为 x，由波的传播特性，P 点的振动落后于 $\lambda/4$ 处质点的振动。

波的表达式为

$$y=A\cos\left[\frac{2\pi ut}{\lambda}-\frac{2\pi}{\lambda}\left(\frac{\lambda}{4}-x\right)\right]$$
$$=A\cos\left(\frac{2\pi ut}{\lambda}-\frac{\pi}{2}+\frac{2\pi}{\lambda}x\right)\text{(SI)}$$

(2) $t = T$ 时的波形和 $t = 0$ 时波形一样。$t = 0$ 时，有

$$y = A \cos\left(-\frac{\pi}{2} + \frac{2\pi}{\lambda}x\right) = A \cos\left(\frac{2\pi}{\lambda}x - \frac{\pi}{2}\right)$$

按上述方程画的波形图见图(b)。

例 7-4 某质点作简谐振动，周期为 2 s，振幅为 0.06 m，$t = 0$ 时刻，质点恰好处在负向最大位移处，求：

(1) 该质点的振动方程。

(2) 此振动以波速 $u = 2$ m/s 沿 x 轴正方向传播时，形成的一维简谐波的波动表达式（以该质点的平衡位置为坐标原点）。

(3) 该波的波长。

【解】 (1) 振动方程为

$$y_0 = 0.06 \cos\left(\frac{2\pi t}{2} + \pi\right) = 0.06 \cos(\pi t + \pi)\text{(SI)}$$

(2) 波动表达式为

$$y = 0.06 \cos\left[\pi\left(t - \frac{x}{u}\right) + \pi\right]$$

$$= 0.06 \cos\left[\pi\left(t - \frac{1}{2}x\right) + \pi\right]\text{(SI)}$$

(3) 波长为
$$\lambda = uT = 4 \text{ m}$$

例 7-5 一平面简谐波以速度 u 沿 x 轴正方向传播，在 $t = t'$ 时波形曲线如图所示，则坐标原点 O 的振动方程为 _____。

A. $y = a \cos\left[\dfrac{u}{b}(t - t') + \dfrac{\pi}{2}\right]$

B. $y = a \cos\left[2\pi \dfrac{u}{b}(t - t') - \dfrac{\pi}{2}\right]$

C. $y = a \cos\left[\pi \dfrac{u}{b}(t + t') + \dfrac{\pi}{2}\right]$

D. $y = a \cos\left[\pi \dfrac{u}{b}(t - t') - \dfrac{\pi}{2}\right]$

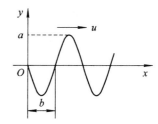

例 7-5 图

例 7-6 一平面简谐波沿 x 轴正向传播，波的振幅 $A = 10$ cm，波的角频率 $\omega = 7\pi$ rad/s。当 $t = 1.0$ s 时，$x = 10$ cm 处的 a 质点正通过其平衡位置向 y 轴负方向运动，而 $x = 20$ cm 处的 b 质点正通过 $y = 5.0$ cm 点向 y 轴正方向运动。设该波波长 $\lambda > 10$ cm，求该平面波的表达式。

【解】 设平面简谐波的波长为 λ，坐标原点处质点振动初相为 φ，则该列平面简谐波的表达式可写成

$$y = 0.1 \cos\left(7\pi t - \frac{2\pi x}{\lambda} + \varphi\right)\text{(SI)}$$

当 $t = 1$ s 时，对 a 质点有

$$y = 0.1 \cos\left[7\pi - 2\pi\left(\frac{0.1}{\lambda}\right) + \varphi\right] = 0$$

因此时 a 质点向 y 轴负方向运动，故

$$7\pi - 2\pi\left(\frac{0.1}{\lambda}\right) + \varphi = \frac{1}{2}\pi \qquad \text{①}$$

而此时，b 质点正通过 $y = 0.05$ m 处向 y 轴正方向运动，应有

$$y = 0.1\cos\left[7\pi - 2\pi\left(\frac{0.2}{\lambda}\right) + \varphi\right] = 0.05$$

得

$$7\pi - 2\pi\left(\frac{0.2}{\lambda}\right) + \varphi = -\frac{1}{3}\pi \qquad \text{②}$$

由①、②两式联立得

$$\lambda = 0.24 \text{ m}$$

$$\varphi = \frac{-17\pi}{3}$$

所以该平面简谐波的表达式为

$$y = 0.1\cos\left[7\pi t - \frac{\pi x}{0.12} - \frac{17}{3}\pi\right](\text{SI})$$

或

$$y = 0.1\cos\left[7\pi t - \frac{\pi x}{0.12} + \frac{1}{3}\pi\right](\text{SI})$$

例 7-7 在驻波中，两个相邻波节间各质点的振动_____。

A. 振幅相同，相位相同　　　　　　B. 振幅不同，相位相同

C. 振幅相同，相位不同　　　　　　D. 振幅不同，相位不同

例 7-8 驻波表达式为 $y = 2A\cos\left(2\pi\dfrac{x}{\lambda}\right)\cos\omega t$，则 $x = -\dfrac{\lambda}{2}$ 处质点的振动方程是_____；该质点的振动速度表达式是_____。

例 7-9 在绳子上传播的平面简谐入射波表达式为 $y_1 = A\cos\left(\omega t + 2\pi\dfrac{x}{\lambda}\right)$，入射波在 $x = 0$ 处绳端反射，反射端为自由端。设反射波不衰减，证明形成的驻波表达式为

$$y = 2A\cos\left(2\pi\frac{x}{\lambda}\right)\cos\omega t$$

【证明】 入射波在 $x = 0$ 处引起的振动方程为 $y_{10} = A\cos\omega t$，由于反射端为自由端，所以反射波在 O 点的振动方程为 $y_{20} = A\cos\omega t$，所以反射波为

$$y_2 = A\cos\left(\omega t - 2\pi\frac{x}{\lambda}\right)$$

驻波方程为

$$y = y_1 + y_2 = A\cos\left(\omega t + 2\pi\frac{x}{\lambda}\right) + A\cos\left(\omega t - 2\pi\frac{x}{\lambda}\right) = 2A\cos\left(2\pi\frac{x}{\lambda}\right)\cos\omega t$$

例 7-10 在固定端 $x = 0$ 处反射的反射波表达式是 $y_2 = A\cos 2\pi\left(\nu t - \dfrac{x}{\lambda}\right)$。设反射波无能量损失，那么入射波的表达式是 $y_1 = $ _____；形成的驻波表达式是 $y = $ _____。

【习题精练】

7-1 一平面简谐波沿 Ox 轴正方向传播，$t = 0$ 时刻的波形图如图所示，则 P 处介质质点的振动方程是_____。

A. $y_P = 0.10 \cos\left(4\pi t + \dfrac{1}{3}\pi\right)$ (SI)

B. $y_P = 0.10 \cos\left(4\pi t - \dfrac{1}{3}\pi\right)$ (SI)

C. $y_P = 0.10 \cos\left(2\pi t + \dfrac{1}{3}\pi\right)$ (SI)

D. $y_P = 0.10 \cos\left(2\pi t + \dfrac{1}{6}\pi\right)$ (SI)

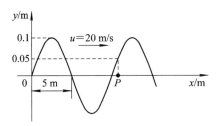

习题 7-1 图

7-2　一平面简谐波沿 Ox 轴正方向传播，波长为 λ。若如图所示 P_1 点处质点的振动方程为 $y_1 = A\cos(2\pi \nu t + \varphi)$，则 P_2 点处质点的振动方程为_____；与 P_1 点处质点振动状态相同的那些点的位置是_____。

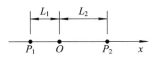

习题 7-2 图

7-3　如图所示，有一平面简谐波沿 x 轴负方向传播，坐标原点 O 的振动规律为 $y = A\cos(\omega t + \varphi_0)$，则 B 点的振动方程为_____。

A. $y = A\cos\left[\omega t - \left(\dfrac{x}{u}\right) + \varphi_0\right]$

B. $y = A\cos\omega\left[t + \left(\dfrac{x}{u}\right)\right]$

C. $y = A\cos\left\{\omega\left[t - \left(\dfrac{x}{u}\right)\right] + \varphi_0\right\}$

D. $y = A\cos\left\{\omega\left[t + \left(\dfrac{x}{u}\right)\right] + \varphi_0\right\}$

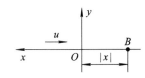

习题 7-3 图

7-4　一横波沿绳子传播，其波的表达式为 $y = 0.05\cos(100\pi t - 2\pi x)$ (SI)，求：

(1) 此波的振幅、波速、频率和波长。

(2) 绳子上各质点的最大振动速度和最大振动加速度。

(3) $x_1 = 0.2$ m 处和 $x_2 = 0.7$ m 处二质点振动的相位差。

7-5　如图所示，一平面波在介质中以波速 $u = 20$ m/s 沿 x 轴负方向传播，已知 A 点的振动方程为 $y = 3 \times 10^{-2}\cos 4\pi t$ (SI)。

(1) 以 A 点为坐标原点写出波的表达式。

(2) 以距 A 点 5 m 处的 B 点为坐标原点，写出波的表达式。

7-6　一列平面简谐波在媒质中以波速 $u = 5$ m/s 沿 x 轴正向传播，原点 O 处质元的

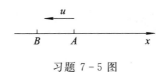

习题 7-5 图

振动曲线如图所示。

(1) 求解并画出 $x = 25$ m 处质元的振动曲线。

(2) 求解并画出 $t = 3$ s 时的波形曲线。

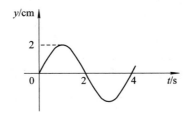

习题 7-6 图

7-7　沿 x 轴负方向传播的平面简谐波在 $t = 2$ s 时刻的波形曲线如图所示，设波速 $u = 0.5$ m/s。求原点 0 的振动方程。

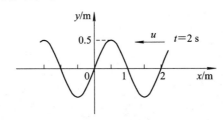

习题 7-7 图

7-8　一平面简谐波在弹性媒质中传播，在某一瞬时，媒质中某质元正处于平衡位置，此时它的能量是_____。

A. 动能为零，势能最大　　　　　B. 动能为零，势能为零

C. 动能最大，势能最大　　　　　D. 动能最大，势能为零

7-9　在弦线上有一简谐波，其表达式为

$$y_1 = 2.0 \times 10^{-2} \cos\left[100\pi\left(t + \frac{x}{20}\right) - \frac{4\pi}{3}\right] \text{(SI)}$$

为了在此弦线上形成驻波，并且在 $x = 0$ 处为一波腹，此弦线上还应有一简谐波，其表达式为_____。

A. $y_2 = 2.0 \times 10^{-2} \cos\left[100\pi\left(t - \frac{x}{20}\right) + \frac{\pi}{3}\right]$

B. $y_2 = 2.0 \times 10^{-2} \cos\left[100\pi\left(t - \frac{x}{20}\right) + \frac{4\pi}{3}\right]$

C. $y_2 = 2.0 \times 10^{-2} \cos\left[100\pi\left(t - \frac{x}{20}\right) - \frac{\pi}{3}\right]$

D. $y_2 = 2.0 \times 10^{-2} \cos\left[100\pi\left(t - \frac{x}{20}\right) - \frac{4\pi}{3}\right]$

7-10 一驻波表达式为 $y = A\cos 2\pi x\cos 100\pi t$。位于 $x_1 = \dfrac{3}{8}$m 的质元 P_1 与位于 $x_2 = \dfrac{5}{8}$m 处的质元 P 的振动相位差为_____。

7-11 设反射波的表达式是 $y_2 = 0.15\cos\left[100\pi\left(t - \dfrac{x}{200}\right) + \dfrac{1}{2}\pi\right]$(SI)，波在 $x = 0$ 处发生反射，反射点为自由端，则形成的驻波的表达式为_____。

第 8 章　温度和气体动理论

【基本要求】

(1) 掌握温度、平衡态、状态参量、温标等概念，理解热力学第零定律。

(2) 掌握理想气体状态方程。

(3) 了解气体分子平均碰撞频率及平均自由程。

(4) 理解理想气体的压强公式和温度公式。

(5) 了解自由度概念，理解能量均分定理。

(6) 了解麦克斯韦速率分布律及气体分子热运动的三种统计速率。

【内容提要】

1. 平衡态、状态参量和物态方程

平衡态是指在不受外界影响的条件下，系统的宏观性质不随时间变化的状态。这种平衡也称为动态平衡，因为宏观性质虽然不变，组成系统的大量分子却是处在不停的运动之中，只是统计平均效果不随时间变化。

系统的平衡态性质可以用一定数量的状态参量来描述。气体系统的状态可以用体积 V、压强 p 和温度 T 来描述。实验表明，理想气体的状态方程是

$$pV = \frac{m}{M}RT$$

式中，m 是系统的总质量，M 是摩尔质量，m/M 是摩尔数，用 ν 表示，$R = 8.31\ \text{J} \cdot \text{mol}^{-1} \cdot \text{K}^{-1}$ 是普适气体常量。

注意以下几点：

(1) 不要把系统的宏观性质不随时间变化作为判断系统是否处于平衡态的依据，要注意区分平衡态和稳定态。

(2) 理想气体是一种模型，常温常压下，各种气体都近似看做理想气体。

2. 温度与温标

(1) 热力学第零定律：如果系统 A 和系统 B 分别都与系统 C 的同一状态处于热平衡，那么当 A 和 B 接触时，它们也必定处于热平衡状态。

(2) 温度：温度是决定一个系统能否与其他系统处于热平衡的宏观性质，处于热平衡的各系统的温度相同。

(3) 温标：温度的数值表示法。经验温标三要素：① 测温物质；② 测温属性以及温度随测温属性的变化关系；③ 固定点的温度值。

理想气体温标选择理想气体作为测温物质,用玻意耳定律规定理想气体的温度 $T \propto pV$,并将水的三相点温度规定为 $T_3 = 273.15 \text{ K}$。理想气体温标和摄氏温标的数值关系为

$$T = t + 273.15$$

(4) 热力学第三定律:热力学温标的 0 K(也称绝对零度)是不能达到的。

注意:理想气体温标和热力学温标在理想气体温标适用的范围内数值相同,热力学温标与具体的测温物质无关,只具有理论意义。

3. 气体分子的无规热运动

(1) 分子热运动的图像

气体由大量分子组成,分子本身体积极小,分子之间有较大的空隙;分子在不断地作无规运动,虽然各个分子运动的速率不同,但大量分子的速率有确定的分布;分子在运动过程中彼此不断地发生碰撞,从而改变分子运动的方向和速率的大小。

(2) 分子的平均碰撞频率与平均自由程

在单位时间内,一个分子与其他分子碰撞的平均次数叫做分子的平均碰撞次数或平均碰撞频率,用 $\bar{z}$ 表示:

$$\bar{z} = \sqrt{2}\pi d^2 \bar{v} n$$

式中,d 是分子的有效直径,$\bar{v}$ 是分子运动的平均速率,n 是分子数密度。

分子在连续两次碰撞间所经过的路程的平均值叫做平均自由程,用 $\bar{\lambda}$ 表示:

$$\bar{\lambda} = \frac{\bar{v}}{\bar{z}} = \frac{1}{\sqrt{2}\pi d^2 n}$$

4. 压强公式与温度的微观意义

压强公式的推导很好地说明了气体动理论的研究方法。压强从宏观上定义为单位面积器壁所受到的气体的作用力;从微观上看,则是大量气体分子持续不断地与器壁碰撞的结果。

(1) 理想气体的微观模型

① 分子本身的线度比分子之间的平均距离小得多,可以忽略不计。

② 除碰撞瞬间外,分子之间以及分子与器壁之间无相互作用。

③ 分子之间以及分子与器壁之间的碰撞是完全弹性的。

④ 分子的运动遵从牛顿定律。

(2) 统计性假设

① 在平衡态,分子沿各个方向运动的机会均等,即分子速度按方向的分布是均匀的,因而有

$$\overline{v_x^2} = \overline{v_y^2} = \overline{v_z^2} = \frac{1}{3}\overline{v^2}$$

式中,$\overline{v_x^2}$、$\overline{v_y^2}$ 和 $\overline{v_z^2}$ 分别是分子速度沿 x、y 和 z 方向分量的平方的平均值,$\overline{v^2}$ 是分子速率平方的平均值。

② 在平衡态,忽略重力,分子位置在空间的分布是均匀的,因而单位体积的分子数也称为分子数密度:

$$n = \frac{N}{V}$$

式中，N 是分子总数，V 是体积。

（3）压强公式及其统计意义

依据理想气体微观模型和统计性假设，可以导出理想气体压强公式：

$$p = \frac{1}{3}nm\overline{v^2} = \frac{2}{3}n\overline{\varepsilon_t}$$

式中，$\overline{\varepsilon_t}$ 为分子的平均平动动能。上式把宏观量 p 和统计平均值 n 和 $\overline{\varepsilon_t}$ 联系起来，反映了宏观量和微观量的关系。它表明气体压强具有统计意义，即对于大量气体分子才有明确的意义。

（4）温度的微观意义

由理想气体的物态方程可以得到

$$pV = \frac{m}{M}RT = N\frac{R}{N_A}T = NkT$$

所以

$$p = nkT$$

式中，$N_A = 6.023 \times 10^{23}/\text{mol}$ 为阿伏加德罗常量，$k = R/N_A = 1.38 \times 10^{-23}$ J/K 称为玻耳兹曼常量。与压强公式比较式得

$$\overline{\varepsilon_t} = \frac{3}{2}kT$$

上式表明，温度从微观上看是气体分子平均平动能的量度。它表征了大量气体分子热运动的剧烈程度，是大量分子热运动的统计平均结果，温度对个别分子而言是没有意义的。

5. 自由度、能量均分定理和理想气体内能

（1）自由度

分子能量表示式中平方项的数目叫分子运动自由度，简称自由度，用 i 表示。单原子分子 $i=3$（三个平动自由度）；刚性双原子分子 $i=5$（三个平动自由度和两个转动自由度）。

（2）能量均分定理

在温度为 T 的平衡态下，气体分子每个自由度的平均动能都相等，等于 $kT/2$。因此，自由度为 i 的理想气体分子的平均能量为

$$\overline{\varepsilon} = \frac{i}{2}kT$$

（3）理想气体的内能

1 mol 理想气体的内能为

$$E_{\text{mol}} = \frac{i}{2}kT \cdot N_A = \frac{i}{2}RT$$

ν mol 理想气体的内能为

$$E = \frac{i}{2}\nu RT = \frac{m}{M} \cdot \frac{i}{2}RT$$

此式表明，理想气体的内能只是温度的函数。

注意以下几点：

① 区分分子的平均平动动能、分子的平均转动动能、分子的平均动能和分子的平均能量等概念的不同含义。

② 理想气体内能是宏观量，而一个分子的能量是微观量，其数量级的差别正是普适气体常量和玻耳兹曼常量的差别，计算中要特别注意。

6. 麦克斯韦速率分布

宏观上处于平衡态的气体分子微观上仍在不断地作无规则运动，在任一时刻，气体分子的速率具有从零到无限大的各种可能值。对个别分子来说，在任一时刻其速率大小是完全偶然的，但大量分子的速率分布却遵循一定的统计规律。麦克斯韦速率分布律就反映了气体分子速率的分布规律。

（1）速率分布函数

设一定量的气体分子总数为 N，其中处在速率区间 $v \sim v + \Delta v$ 内的分子数为 ΔN，则 $\dfrac{\Delta N}{N}$ 表示此速率区间内的分子数占总分子数的百分比，也称为分子处在该速率区间内的概率，令 $\Delta v \to 0$，有

$$\frac{\mathrm{d}N}{N} = f(v)\,\mathrm{d}v$$

或

$$f(v) = \frac{\mathrm{d}N}{N\,\mathrm{d}v}$$

称为速率分布函数。它的意义是速率在 v 附近的单位速率区间内的分子数占总分子数的百分比，或者说是一个分子的速率处在 v 附近单位速率区间的概率。

麦克斯韦从理论上导出的理想气体在平衡态下的速率分布函数为

$$f(v) = 4\pi \left(\frac{m}{2\pi kT}\right)^{\frac{3}{2}} v^2 \mathrm{e}^{-\frac{mv^2}{2kT}}$$

$f(v)$ 与 v 的关系曲线称为速率分布曲线。速率分布函数满足归一化条件

$$\int_0^\infty f(v)\,\mathrm{d}v = 1$$

因此整个曲线下的面积等于 1，而 $f(v)\Delta v = \dfrac{\Delta N}{N}$ 表示分子速率在 $v \sim v + \Delta v$ 内的概率。

（2）三种统计速率

① 最概然速率 v_p：在速率分布曲线中，与 $f(v)$ 的极大值相对应的速率叫最概然速率。它表示分子的速率在 v_p 附近的概率最大。通过求分布函数的极值可以得到

$$v_\mathrm{p} = \sqrt{\frac{2kT}{m}} = \sqrt{\frac{2RT}{M}} \approx 1.41\sqrt{\frac{RT}{M}}$$

当温度升高时，v_p 增大，$f(v)$ 曲线的极大值向右移动。

② 平均速率 $\bar{v}$：

$$\bar{v} = \int_0^\infty v f(v)\,\mathrm{d}v = \sqrt{\frac{8kT}{\pi m}} = \sqrt{\frac{8RT}{\pi M}} \approx 1.60\sqrt{\frac{RT}{M}}$$

③ 方均根速率 v_rms：

$$v_\mathrm{rms} = \sqrt{\overline{v^2}} = \sqrt{\frac{3kT}{m}} = \sqrt{\frac{3RT}{M}} \approx 1.73\sqrt{\frac{RT}{M}}$$

注意：三种速率意义不同，大小略有差别，一般来说，在讨论速率分布时，用最概然速率；讨论分子碰撞时，用平均速率；计算分子的平均平动能时，用方均根速率。

【例题精讲】

例 8-1 一定量的理想气体，在体积不变的条件下，当温度升高时，分子的平均碰撞频率 $\bar{z}$ 和平均自由程 $\bar{\lambda}$ 的变化情况是_____。

A. $\bar{z}$ 增大，$\bar{\lambda}$ 不变

B. $\bar{z}$ 不变，$\bar{\lambda}$ 增大

C. $\bar{z}$ 和 $\bar{\lambda}$ 都增大

D. $\bar{z}$ 和 $\bar{\lambda}$ 都不变

例 8-2 在一密闭容器中，储有 A、B、C 三种理想气体，处于平衡状态。A 种气体的分子数密度为 n_1，它产生的压强为 p_1；B 种气体的分子数密度为 $2n_1$，C 种气体的分子数密度为 $3n_1$，则混合气体的压强 p 为_____。

A. $3p_1$ 　　　　B. $4p_1$ 　　　　C. $5p_1$ 　　　　D. $6p_1$

例 8-3 有三个容器 A、B、C，皆装入理想气体，分子数密度之比为 $n_A : n_B : n_C = 4 : 2 : 1$，分子的平均平动动能之比为 $\bar{\varepsilon}_A : \bar{\varepsilon}_B : \bar{\varepsilon}_C = 1 : 2 : 4$，则它们的压强之比 $p_A : p_B : p_C = $_____。

例 8-4 试从温度公式（即分子热运动平均平动动能和温度的关系式）和压强公式导出理想气体的状态方程式

$$pV = \frac{M}{M_{\text{mol}}} RT$$

【证明】 由温度公式 $\bar{\varepsilon}_t = \frac{3}{2} kT$ 和压强公式 $p = \frac{2}{3} n \bar{\varepsilon}_t$ 得

$$p = nkT = \frac{M}{M_{\text{mol}}} \frac{N_A}{V} kT = \frac{M}{M_{\text{mol}}} \frac{RT}{V}$$

所以
$$pV = \frac{M}{M_{\text{mol}}} RT$$

例 8-5 有容积不同的 A、B 两个容器，A 中装有单原子分子理想气体，B 中装有双原子分子理想气体，若两种气体的压强相同，那么，这两种气体的单位体积的内能 $(E/V)_A$ 和 $(E/V)_B$ 的关系为_____。

A. $(E/V)_A < (E/V)_B$ 　　　　B. $(E/V)_A > (E/V)_B$

C. $(E/V)_A = (E/V)_B$ 　　　　D. 不能确定

例 8-6 容积 $V = 1 \text{ m}^3$ 的容器内混有 $N_1 = 1.0 \times 10^{25}$ 个氧气分子和 $N_2 = 4.0 \times 10^{25}$ 个氮气分子，混合气体的压强是 $2.76 \times 10^5 \text{ Pa}$，求：

(1) 分子的平均平动动能。

(2) 混合气体的温度。（玻耳兹曼常量 $k = 1.38 \times 10^{-23} \text{ J/K}$）

【解】 (1)
$$E_k = \frac{3}{2} pV = 4.14 \times 10^5 \text{ J}$$

$$\bar{\varepsilon}_t = \frac{E_k}{N} = \frac{E_k}{N_1 + N_2} = 8.28 \times 10^{-21} \text{ J}$$

(2)
$$T = \frac{2\bar{\varepsilon}_t}{3k} = 400 \text{ K}$$

或由 $p = nKT$ 得

$$T = \frac{p}{nk} = \frac{pV}{(N_1 + N_2)k} = 400 \text{ K}$$

例 8-7 容器内混有二氧化碳和氧气两种气体，混合气体的温度是 290 K，内能是 9.64×10^5 J，总质量是 5.4 kg，分别求二氧化碳和氧气的质量。（二氧化碳的 $M_{mol} = 44 \times 10^{-3}$ kg/mol，氧气的 $M_{mol} = 32 \times 10^{-3}$ kg/mol）

【解】
$$E = \frac{6}{2} \frac{M_1}{M_{mol1}} RT + \frac{5}{2} \frac{M_2}{M_{mol2}} RT$$

得
$$\frac{3M_1}{44 \times 10^{-3}} + \frac{5M_2}{2 \times 32 \times 10^{-3}} = \frac{E}{RT} \qquad ①$$

$$M_1 + M_2 = 5.4 \qquad ②$$

联立①、②式解得
$$M_1 = 2.2 \text{ kg}, \quad M_2 = 3.2 \text{ kg}$$

例 8-8 一容器内装有 N_1 个单原子理想气体分子和 N_2 个刚性双原子理想气体分子，当该系统处在温度为 T 的平衡态时，其内能为_____。

A. $(N_1 + N_2)\left(\frac{3}{2}kT + \frac{5}{2}kT\right)$

B. $\frac{1}{2}(N_1 + N_2)\left(\frac{3}{2}kT + \frac{5}{2}kT\right)$

C. $N_1 \frac{3}{2}kT + N_2 \frac{5}{2}kT$

D. $N_1 \frac{5}{2}kT + N_2 \frac{3}{2}kT$

例 8-9 图示为氢气分子和氧气分子在相同温度下的麦克斯韦速率分布曲线，则氢气分子的最概然速率为_____，氧分子的最概然速率为_____。

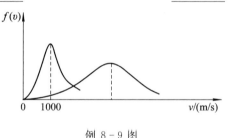

例 8-9 图

【习题精练】

8-1 有两瓶气体，一瓶是氦气，另一瓶是氢气（均视为刚性分子理想气体），若它们的压强、体积、温度均相同，则氢气的内能是氦气的_____倍。

8-2 在温度为 127℃时，1 mol 氧气（其分子可视为刚性分子）的内能为_____J，其中分子转动的总动能为_____J。（普适气体常量 $R = 8.31$ J·mol⁻¹·K⁻¹）

8-3 容积 $V = 1$ m³ 的容器内混有 $N_1 = 1.0 \times 10^{25}$ 个氢气分子和 $N_2 = 4.0 \times 10^{25}$ 个氧气分子，混合气体的温度为 400 K，求：

（1）气体分子的平动动能总和。

（2）混合气体的压强。（普适气体常量 $R = 8.31$ J·mol⁻¹·K⁻¹）

8-4 水蒸气分解为同温度 T 的氢气和氧气
$$H_2O \rightarrow H_2 + \frac{1}{2}O_2$$

时，1 mol 的水蒸气可分解成 1 mol 氢气和 1/2 mol 氧气。当不计振动自由度时，求此过程中内能的增量。

8-5 容器内有 11 kg 二氧化碳和 2 kg 氢气(两种气体均视为刚性分子的理想气体),已知混合气体的内能是 8.1×10^6 J。求:

(1) 混合气体的温度。

(2) 两种气体分子的平均动能。

(二氧化碳的 $M_{mol} = 44 \times 10^{-3}$ kg/mol,玻耳兹曼常量 $k = 1.38 \times 10^{-23}$ J/K,摩尔气体常量 $R = 8.31$ J·mol^{-1}·K^{-1})

8-6 将 1 kg 氦气和 M kg 氢气混合,平衡后混合气体的内能是 2.45×10^6 J,氦分子平均动能是 6×10^{-21} J,求氢气质量 M。

(玻耳兹曼常量 $k = 1.38 \times 10^{-23}$ J/K,普适气体常量 $R = 8.31$ J·mol^{-1}·K^{-1})

8-7 在容积为 V 的容器内,同时盛有质量为 M_1 和质量为 M_2 的两种单原子分子的理想气体,已知此混合气体处于平衡状态时它们的内能相等,且均为 E。则混合气体压强 $p = $ ;两种分子的平均速率之比 $\bar{v}_1 / \bar{v}_2 = $ _____。

8-8 麦克斯韦速率分布曲线如图所示,图中 A、B 两部分面积相等,则该图表示_____。

A. v_0 为最概然速率

B. v_0 为平均速率

C. v_0 为方均根速率

D. 速率大于和小于 v_0 的分子数各占一半

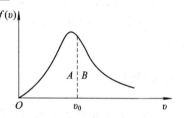

习题 8-8 图

8-9 已知 $f(v)$ 为麦克斯韦速率分布函数,N 为总分子数,v_p 为分子的最概然速率。下列各式表示什么物理意义?

(1) $\int_0^\infty v f(v) dv$

(2) $\int_{v_p}^\infty f(v) dv$

(3) $\int_{v_p}^\infty N f(v) dv$

第 9 章　热力学第一定律

【基本要求】

（1）掌握功和热量的概念，理解准静态过程。

（2）掌握热力学第一定律，能熟练分析、计算理想气体在等体、等压、等温过程和绝热过程中的功、热量、内能改变量。

（3）理解循环的意义和循环过程中的能量转换关系，掌握卡诺循环和其他简单循环的效率的计算。

【内容提要】

1. 功、热量和热力学第一定律

系统和外界交换能量的方式有两种：一种是外界对系统做功，它实质上是系统和外界通过发生宏观位移交换分子有规则运动的能量；另一种是传热，实质上是系统和外界通过分子碰撞交换无规则运动的能量，这种交换在系统和外界分子无规则运动平均动能不同（即有温度差）时才能发生。

系统中所有分子的无规则运动能量的总和称为系统的内能。如果以 A' 表示外界对系统做的功，以 Q 表示传入系统的热量，以 ΔE 表示系统内能的增量，则有

$$A' + Q = \Delta E$$

这一能量守恒式就叫热力学第一定律。通常用 A 表示系统对外界做的功，显然 $A = -A'$，则有第一定律的常用形式：

$$Q = \Delta E + A$$

热力学第一定律适用于系统的任意过程。对于一个微小过程，其形式为

$$\mathrm{d}Q = \mathrm{d}E + \mathrm{d}A$$

注意以下几点：

（1）内能是状态量，而功和热量是过程量。我们可以说"系统含有内能"，而不能说"系统含有热量和功"。系统只有在状态发生变化的过程中才会对外界做功或者与外界交换热量。

（2）应用热力学第一定律时应注意各个物理量的符号规定。

（3）热力学第一定律实际上是包括热现象在内的能量守恒和转换定律。

（4）热力学第一定律适用于在两个平衡态之间的任何过程。

2. 准静态过程

（1）准静态过程

系统在状态变化过程中经历的任意中间状态，都可以视为平衡态的过程叫准静态过程。准静态过程是一种理想过程，当实际过程进行得无限缓慢时（与驰豫时间相比），可以看做准静态过程。

准静态过程在 $p-V$ 图上可以用一条曲线表示。

（2）准静态过程的功

在无摩擦的准静态过程中，气体系统对外做的功为

$$A = \int_{V_1}^{V_2} p \, \mathrm{d}V$$

数值上等于 $p-V$ 图上过程曲线下的面积。系统体积膨胀时，对外做正功；体积压缩时，系统做负功，也即外界对系统做正功。功是过程量。

3. 摩尔热容

（1）摩尔热容是 1 mol 物质在状态变化过程中温度升高 1 K 所吸收的热量，用 C_m 表示：

$$C_\mathrm{m} = \frac{\mathrm{d}Q_\mathrm{m}}{\mathrm{d}T}$$

（2）定体摩尔热容是 1 mol 的物质在等体过程中温度升高 1 K 所吸收的热量，用 $C_{V,\mathrm{m}}$ 表示：

$$C_{V,\mathrm{m}} = \left(\frac{\mathrm{d}Q_\mathrm{m}}{\mathrm{d}T} \right)_V$$

（3）定压摩尔热容是 1 mol 的物质在等压过程中温度升高 1 K 所吸收的热量，用 $C_{p,\mathrm{m}}$ 表示：

$$C_{p,\mathrm{m}} = \left(\frac{\mathrm{d}Q_\mathrm{m}}{\mathrm{d}T} \right)_p$$

对理想气体，有

$$C_{V,\mathrm{m}} = \frac{i}{2}R, \quad C_{p,\mathrm{m}} = \frac{i+2}{2}R$$

（4）迈耶公式：

$$C_{p,\mathrm{m}} - C_{V,\mathrm{m}} = R$$

（5）比热容比：

$$\gamma = \frac{C_{p,\mathrm{m}}}{C_{V,\mathrm{m}}} = \frac{i+2}{i}$$

上面的各式中，i 是理想气体分子的自由度。

4. 绝热过程

（1）准静态绝热过程

准静态绝热过程的特征是 $Q=0$。

由热力学第一定律 $\mathrm{d}A + \mathrm{d}E = 0$ 和理想气体状态方程 $pV = \nu RT$ 可以求得过程方程为

$$pV^\gamma = C_1$$

或者
$$TV^{\gamma-1} = C_2, \quad p^{\gamma-1}T^{-\gamma} = C_3$$

绝热过程中气体对外做的功为

$$A = \int_{V_1}^{V_2} p \, \mathrm{d}V = \frac{1}{\gamma-1}(p_1 V_1 - p_2 V_2)$$

（2）绝热自由膨胀过程

绝热自由膨胀过程是指气体在绝热的情况下向真空的膨胀，是一种非准静态过程。理想气体经绝热自由膨胀后其内能不变，因而温度也不变。

热力学第一定律对理想气体各准静态过程（等体、等压、等温及绝热过程）的应用如表 9-1 所示。

表 9-1　理想气体等体、等压、等温及绝热过程的比较

过程	等体过程	等压过程	等温过程	绝热过程
特征	$V=$ 常量	$p=$ 常量	$T=$ 常量	$Q=0$
过程方程	$\dfrac{p}{T}=$ 常量	$\dfrac{T}{V}=$ 常量	$pV=$ 常量	$pV^{\gamma}=$ 常量
系统做功	0	$p(V_2-V_1)$ $=\nu R(T_2-T_1)$	$\nu RT \ln \dfrac{V_2}{V_1}$	$\dfrac{1}{\gamma-1}(p_1 V_1 - p_2 V_2)$
系统吸热	$\nu C_{V,m}(T_2-T_1)$	$\nu C_{p,m}(T_2-T_1)$	$\nu RT \ln \dfrac{V_2}{V_1}$	0
内能增量	$\nu C_{V,m}(T_2-T_1)$	$\nu C_{V,m}(T_2-T_1)$	0	$\nu C_{V,m}(T_2-T_1)$
摩尔热容	$C_{V,m}=\dfrac{i}{2}R$	$C_{p,m}=\dfrac{i}{2}R+R$	∞	0
第一定律	$Q=\Delta E$	$Q=\Delta E+A$	$Q=A$	$\Delta E=-A$

5. 循环过程

一个系统经历一系列变化后又回到初始状态的整个过程叫循环过程，简称循环。由于系统状态复原，所以 $\Delta E=0$，热力学第一定律给出 $Q=A$，即系统从外界吸收的净热量等于系统对外做的净功。

（1）热机循环（正循环）：系统从高温热源吸热 Q_1，对外做净功 A，向低温热源放热 Q_2，则循环的效率为

$$\eta = \frac{A}{Q_1} = 1 - \frac{Q_1}{Q_2}$$

（2）致冷循环（逆循环）：系统从低温热源吸热 Q_2，外界对它做功 A，向高温热源放热 Q_1，则致冷系数为

$$w = \frac{Q_2}{A} = \frac{Q_2}{Q_1 - Q_2}$$

注意：热机效率和致冷系数中出现的各个量均为绝对值，而非代数量。

6. 卡诺循环

系统只和两个恒温热源（$T_1 > T_2$）进行热交换的准静态循环过程叫卡诺循环。它由两个等温过程和两个绝热过程组成。卡诺热机的效率和卡诺致冷机的致冷系数分别为

$$\eta_{\mathrm{C}} = 1 - \frac{T_2}{T_1}$$

和

$$w_{\mathrm{C}} = \frac{T_2}{T_1 - T_2}$$

利用卡诺循环可以定义热力学温标。

【例题精讲】

例 9 - 1 用公式 $\Delta E = \nu C_V \Delta T$（式中 C_V 为定体摩尔热容量，视为常量，ν 为气体摩尔数）计算理想气体内能增量时，此式_____。

A. 只适用于准静态的等体过程

B. 只适用于一切等体过程

C. 只适用于一切准静态过程

D. 适用于一切始末态为平衡态的过程

例 9 - 2 如图所示，bca 为理想气体绝热过程，$b1a$ 和 $b2a$ 是任意过程，则上述两过程中气体做功与吸收热量的情况是_____。

A. $b1a$ 过程放热，做负功；$b2a$ 过程放热，做负功

B. $b1a$ 过程吸热，做负功；$b2a$ 过程放热，做负功

C. $b1a$ 过程吸热，做正功；$b2a$ 过程吸热，做负功

D. $b1a$ 过程放热，做正功；$b2a$ 过程吸热，做正功

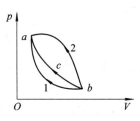

例 9 - 2 图

例 9 - 3 如图所示，分别表示理想气体的四个设想的循环过程。请选出其中一个在物理上可能实现的循环过程的图的标号：_____。

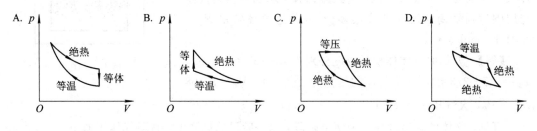

例 9 - 3 图

例 9 - 4 一定量的单原子分子理想气体，从初态 A 出发，沿图所示的直线过程变到另一状态 B，又经过等容、等压两个过程回到状态 A。

(1) 求 $A \rightarrow B$，$B \rightarrow C$，$C \rightarrow A$ 各过程中系统对外所做的功 A、内能的增量 E 以及所吸收

的热量 Q。

（2）整个循环过程中系统对外所做的总功以及从外界吸收的总热量（过程吸热的代数和）。

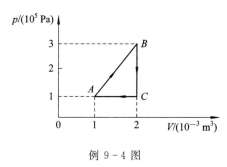

例 9 - 4 图

【解】 （1）$A \rightarrow B$：$A_1 = \dfrac{1}{2}(p_B + p_A)(V_B - V_A) = 200 \text{ J}$

$$\Delta E_1 = \nu C_V(T_B - T_A) = \frac{3(p_B V_B - p_A V_A)}{2} = 750 \text{ J}$$

$$Q_1 = A_1 + \Delta E_1 = 950 \text{ J}$$

$B \rightarrow C$：$A_2 = 0$

$$\Delta E_2 = \nu C_V(T_C - T_B) = \frac{3(p_C V_C - p_B V_B)}{2} = -600 \text{ J}$$

$$Q_2 = A_2 + \Delta E_2 = -600 \text{ J}$$

$C \rightarrow A$：$A_3 = p_A(V_A - V_C) = -100 \text{ J}$

$$\Delta E_3 = \nu C_V(T_A - T_C) = \frac{3}{2}(p_A V_A - p_C V_C) = -150 \text{ J}$$

$$Q_3 = A_3 + \Delta E_3 = -250 \text{ J}$$

（2）$A = A_1 + A_2 + A_3 = 100 \text{ J}$

$$Q = Q_1 + Q_2 + Q_3 = 100 \text{ J}$$

例 9 - 5 如图所示，体积为 30 L 的圆柱形容器内，有一能上下自由滑动的活塞（活塞的质量和厚度可忽略），容器内盛有 1 mol、温度为 127℃的单原子分子理想气体。若容器外大气压强为 1 标准大气压，气温为 27℃，求当容器内气体与周围达到平衡时需向外放热多少？（普适气体常量 $R = 8.31 \text{ J} \cdot \text{mol}^{-1} \cdot \text{K}^{-1}$）

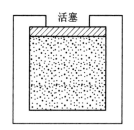

例 9 - 5 图

【解】 开始时气体体积与温度分别为 $V_1 = 30 \times 10^{-3} \text{ m}^3$，$T_1 = 127 + 273 = 400 \text{ K}$，气体的压强为 $p_1 = RT_1/V_1 = 1.108 \times 10^5 \text{ Pa}$，大气压 $p_0 = 1.013 \times 10^5 \text{ Pa}$，所以 $p_1 > p_0$。

可见，气体的降温过程分为两个阶段：第一阶段等体降温，直至气体压强 $p_2 = p_0$，此时温度为 T_2，放热 Q_1；第二阶段等压降温，直至温度 $T_3 = T_0 = 27 + 273 = 300 \text{ K}$，放热 Q_2。

（1）因为 $T_2 = \left(\dfrac{p_2}{p_1}\right)T_1 = 365.7 \text{ K}$，所以

$$Q_1 = C_V(T_1 - T_2) = \frac{3}{2}R(T_1 - T_2) = 428 \text{ J}$$

(2) $$Q_2 = C_p(T_2 - T_3) = \frac{5}{2}R(T_2 - T_3) = 1365 \text{ J}$$

所以总计放热：

$$Q = Q_1 + Q_2 = 1.79 \times 10^3 \text{ J}$$

例 9-6 质量为 0.02 kg 的氦气（视为理想气体），温度由 17℃升为 27℃。若在升温过程中：① 体积保持不变；② 压强保持不变；③ 不与外界交换热量，试分别求出气体内能的改变、吸收的热量、外界对气体所做的功。（普适气体常量 $R = 8.31 \text{ J} \cdot \text{mol}^{-1} \cdot \text{K}^{-1}$）

【解】 氦气为单原子分子理想气体，$i = 3$。

(1) 等体过程，$V = $常量，$A = 0$，由 $Q = \Delta E + A$ 可知

$$Q = \Delta E = \frac{M}{M_{mol}}C_V(T_2 - T_1) = 623 \text{ J}$$

(2) 定压过程，$p = $常量，所以

$$Q = \frac{M}{M_{mol}}C_p(T_2 - T_1) = 1.04 \times 10^3 \text{ J}$$

因为 ΔE 与(1)相同，所以

$$A = Q - \Delta E = 417 \text{ J}$$

(3) $Q = 0$，ΔE 与(1)相同，所以

$$A = -\Delta E = -623 \text{ J}$$

负号表示外界做功。

例 9-7 理想气体的内能从 E_1 增大到 E_2 时，对应于等体、等压、绝热三种过程的温度变化是否相同？吸热是否相同？为什么？

【答】 因为理想气体的内能是温度的单值函数，所以等体、等压、绝热三个过程的温度变化相同。由于各个过程的摩尔热容 C 不相同，等体过程摩尔热容为 $C = C_V = \frac{i}{2}R$，等压过程 $C = C_p = \frac{i+2}{2}R$；绝热过程 $C = 0$，由 $Q = \frac{M}{M_{mol}}C\Delta T$ 可知，不同过程中吸热不相同。

例 9-8 两个卡诺热机的循环曲线如图所示，一个工作在温度为 T_1 与 T_3 的两个热源之间，另一个工作在温度为 T_2 与 T_3 的两个热源之间，已知这两个循环曲线所包围的面积相等。由此可知_____。

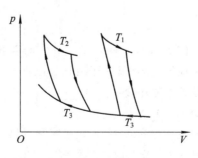

例 9-8 图

A. 两个热机的效率一定相等

B. 两个热机从高温热源所吸收的热量一定相等

C. 两个热机向低温热源所放出的热量一定相等

D. 两个热机吸收的热量与放出的热量(绝对值)的差值一定相等

例 9-9 有一卡诺热机,用 290 g 空气为工作物质,工作在 27℃的高温热源与 −73℃ 的低温热源之间,此热机的效率 $\eta=$ _____;若在等温膨胀的过程中汽缸体积增大到 2.718 倍,则此热机每一循环所做的功为 _____。(空气的摩尔质量为 29×10^{-3} kg/mol,普适气体常量 $R=8.31$ J·mol^{-1}·K^{-1})

例 9-10 理想气体作卡诺循环,高温热源的热力学温度是低温热源的热力学温度的 n 倍,求气体在一个循环中将由高温热源所得热量的多大部分交给了低温热源。

【解】 理想气体卡诺循环的效率为

$$\eta = \frac{T_1 - T_2}{T_1}$$

因为
$$T_1 = nT_2$$

所以
$$\eta = 1 - \frac{1}{n}$$

又由
$$\eta = 1 - \frac{Q_2}{Q_1} = 1 - \frac{1}{n}$$

得
$$\frac{Q_2}{Q_1} = \frac{1}{n}$$

【习题精练】

9-1 一定量理想气体,从 A 状态 $(2p_1, V_1)$ 经历如图所示的直线过程变到 B 状态 $(p_1, 2V_1)$,则 AB 过程中系统做功 $A=$ _____;内能改变 $\Delta E=$ _____。

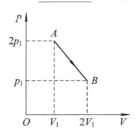

习题 9-1 图

9-2 ν 摩尔的某种理想气体,状态按 $V=a/\sqrt{p}$ 的规律变化(式中 a 为正常量),当气体体积从 V_1 膨胀到 V_2 时,气体所做的功 $A=$ _____;气体温度的变化 $T_1-T_2=$ _____。

9-3 已知 1 mol 的某种理想气体(其分子可视为刚性分子),在等压过程中温度上升 1 K,内能增加了 20.78 J,则气体对外做功为 _____,气体吸收热量为 _____。(普适气体常量 $R=8.31$ J·mol^{-1}·K^{-1})

9-4 同一种理想气体的定压摩尔热容 C_p 和定体摩尔热容 C_V 哪个大?为什么?

9-5 一定量的某种理想气体,开始时处于压强、体积、温度分别为 $p_0=1.2\times10^6$ Pa,$V_0=8.31\times10^{-3}$ m^3,$T_0=300$ K 的初态,后经过一等体过程,温度升高到 $T_1=450$ K,再经过一等温过程,压强降到 $p=p_0$ 的末态。已知该理想气体的等压摩尔热容与等体摩尔热

容之比 $C_p/C_V = 5/3$，求：

（1）该理想气体的等压摩尔热容 C_p 和等体摩尔热容 C_V。

（2）气体从始态到末态的全过程中从外界吸收的热量。

（普适气体常量 $R = 8.31 \ \text{J} \cdot \text{mol}^{-1} \cdot \text{K}^{-1}$）

9-6 一定量的刚性双原子分子理想气体，开始时处于压强为 $p_0 = 1.0 \times 10^5$ Pa，体积为 $V_0 = 4 \times 10^{-3}$ m³，温度为 $T_0 = 300$ K 的初态，后经等压膨胀过程温度上升到 $T_1 = 450$ K，再经绝热过程温度降回到 $T_2 = 300$ K，求气体在整个过程中对外做的功。

9-7 1 mol 单原子分子理想气体的循环过程如图所示，c 点的温度 $T_c = 600$ K。试求：

（1）$a \rightarrow b$、$b \rightarrow c$、$c \rightarrow a$ 各过程系统吸收的热量。

（2）经过一个循环，系统所做的净功。

（3）循环的效率。

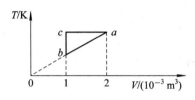

习题 9-7 图

9-8 1 mol 单原子分子的理想气体，经历如图所示的可逆循环，连接 ac 两点的曲线 Ⅲ 的方程为 $p = p_0 V^2 / V_0^2$，a 点的温度为 T_0。

（1）试以 T_0、普适气体常量 R 表示 Ⅰ、Ⅱ、Ⅲ 过程中气体吸收的热量。

（2）求此循环的效率。

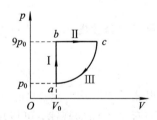

习题 9-8 图

9-9 一卡诺循环的热机，高温热源温度是 400 K，每一循环从此热源吸进 100 J 热量并向一低温热源放出 80 J 热量。求：

（1）低温热源温度。

（2）这循环的热机效率。

9-10 一卡诺热机（可逆的），低温热源的温度为 27℃，热机效率为 40%，其高温热源温度为_____；今欲将该热机效率提高到 50%，若低温热源保持不变，则高温热源的温度应增加_____。

第 10 章 热力学第二定律

【基本要求】

（1）理解自然过程的方向性以及可逆过程和不可逆过程。

（2）理解热力学第二定律两种表述的含义，了解其统计意义。

（3）了解熵增加原理。

【内容提要】

1. 可逆过程与不可逆过程

（1）自然过程的方向性

各种自然的宏观过程都是不可逆的，是按一定的方向进行的。而且它们的不可逆性是相互依存的。比如：功热转换、热传导和绝热自由膨胀。

（2）可逆过程和不可逆过程

在系统状态变化过程中，如果逆过程能够重复正过程的每一个状态，而且不引起其他变化，这样的过程叫可逆过程，即可逆过程必须使系统状态和外界都能复原，否则就是不可逆过程。

可逆过程是一种理想过程，只有十分缓慢的、无摩擦的准静态过程，才可以近似作为可逆过程。

2. 热力学第二定律

（1）热力学第二定律的宏观表述

热力学第二定律是关于自然过程的方向的规律，可以用任何一个实际的自然过程进行方向表述。

克劳修斯表述：热量不能自动由低温物体传向高温物体。

开尔文表述：不可能制造出这样一种循环工作的热机，它只从单一热源吸热来做功，而不放出热量给其他物体，或者说不使外界发生任何变化。即唯一的效果是热全部变为功的过程是不可能的。

热力学第二定律的实质是一切与热现象有关的实际宏观过程都是不可逆过程。

（2）热力学第二定律的微观意义

热力学第二定律的微观意义：自然过程总是沿着使分子运动更加无序的方向进行，或者向着热力学概率 Ω（某宏观态对应的微观状态数）增大的方向进行；孤立系统的平衡态对应的热力学概率最大。

3. 熵和熵增加原理

玻耳兹曼熵：

$$S = k \ln \Omega$$

克劳修斯熵：

$$dS = \frac{dQ_R}{T}$$

或

$$S_2 - S_1 = \int_{1(R)}^{2} \frac{dQ}{T}$$

式中，R 表示可逆过程。

熵增加原理：孤立系统所进行的过程中熵永不减少。自然过程总是沿着熵增大的方向进行，可逆过程熵不变。

$$\Delta S \geqslant 0$$

【例题精讲】

例 10-1 根据热力学第二定律判断下列说法中_____是正确的。

A. 热量能从高温物体传到低温物体，但不能从低温物体传到高温物体

B. 功可以全部变为热，但热不能全部变为功

C. 气体能够自由膨胀，但不能自动收缩

D. 有规则运动的能量能够变为无规则运动的能量，但无规则运动的能量不能变为有规则运动的能量

例 10-2 有人设计一台卡诺热机（可逆的）。每循环一次可从 400 K 的高温热源吸热 1800 J，向 300 K 的低温热源放热 800 J，同时对外做功 1000 J，这样的设计是_____。

A. 可以的，符合热力学第一定律

B. 可以的，符合热力学第二定律

C. 不可以的，卡诺循环所做的功不能大于向低温热源放出的热量

D. 不可以的，这个热机的效率超过理论值

例 10-3 设有以下一些过程：

(1) 两种不同气体在等温下互相混合

(2) 理想气体在定体下降温

(3) 液体在等温下汽化

(4) 理想气体在等温下压缩

(5) 理想气体绝热自由膨胀

在这些过程中，使系统的熵增加的过程是_____。

A. (1)、(2)、(3)　　　　　　　　B. (2)、(3)、(4)

C. (3)、(4)、(5)　　　　　　　　D. (1)、(3)、(5)

例 10-4 一定量的理想气体向真空作绝热自由膨胀，体积由 V_1 增至 V_2，在此过程中气体的_____。

A. 内能不变，熵增加　　　　　　B. 内能不变，熵减少

C. 内能不变，熵不变　　　　　　D. 内能增加，熵增加

例 10 - 5 "理想气体和单一热源接触作等温膨胀时,吸收的热量全部用来对外做功。"对此说法,下列几种评论中_____是正确的。

    A. 不违反热力学第一定律,但违反热力学第二定律

    B. 不违反热力学第二定律,但违反热力学第一定律

    C. 不违反热力学第一定律,也不违反热力学第二定律

    D. 违反热力学第一定律,也违反热力学第二定律

【习题精练】

10 - 1 根据热力学第二定律可知_____。

    A. 功可以全部转换为热,但热不能全部转换为功

    B. 热可以从高温物体传到低温物体,但不能从低温物体传到高温物体

    C. 不可逆过程就是不能向相反方向进行的过程

    D. 一切自发过程都是不可逆的

10 - 2 热力学第二定律的克劳修斯表述是_____;开尔文表述是_____。

10 - 3 热力学第二定律的开尔文表述和克劳修斯表述是等价的,表明在自然界中与热现象有关的实际宏观过程都是不可逆的,开尔文表述指出了_____的过程是不可逆的;而克劳修斯表述指出了_____的过程是不可逆的。

10 - 4 一绝热容器被隔板分成两半,一半是真空,另一半是理想气体。若把隔板抽出,气体将进行自由膨胀,达到平衡后_____。

    A. 温度不变,熵增加   B. 温度升高,熵增加

    C. 温度降低,熵增加   D. 温度不变,熵不变

模拟试卷(A 卷)

题号	一	二	三	四	五		总得分	审核人
得分								

一、选择题(每题 3 分,共 24 分)

1. 一质点在平面上运动,已知质点位置矢量的表示式为 $r = at^2 i + bt^2 j$(其中 a、b 为常量),则该质点作_____。

    A. 匀速直线运动   B. 变速直线运动

    C. 抛物线运动   D. 一般曲线运动

2. 质量为 m 的小球放在光滑的木板和光滑的墙壁之间,并保持平衡,如图 A-1 所示。设木板和墙壁之间的夹角为 α,当 α 逐渐增大时,小球对木板的压力将_____。

    A. 增加

    B. 减少

    C. 不变

    D. 先是增加,后又减小,压力增减的分界角为 $\alpha = 45°$

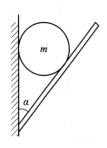

图 A-1

3. 人造地球卫星绕地球作椭圆轨道运动,卫星轨道近地点和远地点分别为 A 和 B。用 L 和 E_k 分别表示卫星对地心的角动量及其动能的瞬时值,则应有_____。

    A. $L_A > L_B$,$E_{kA} > E_{kB}$ B. $L_A = L_B$,$E_{kA} < E_{kB}$

    C. $L_A = L_B$,$E_{kA} > E_{kB}$ D. $L_A < L_B$,$E_{kA} < E_{kB}$

4. 两个匀质圆盘 A 和 B 的密度分别为 ρ_A 和 ρ_B,若 $\rho_A > \rho_B$,但两圆盘的质量与厚度相同,如两盘对通过盘心垂直于盘面轴的转动惯量各为 J_A 和 J_B,则_____。

    A. $J_A > J_B$ B. $J_B > J_A$

    C. $J_A = J_B$ D. J_A、J_B 哪个大不能确定

5. 刚体角动量守恒的充分而必要的条件是_____。

    A. 刚体不受外力矩的作用

    B. 刚体所受合外力矩为零

    C. 刚体所受合外力和合外力矩均为零

    D. 刚体转动惯量和角速度均保持不变

6. 一质点作简谐振动,其运动速度与时间的曲线如图 A-2 所示。若质点的振动规律用余弦函数描述,则其初相应为_____。

    A. $\pi/6$ B. $5\pi/6$

    C. $-5\pi/6$ D. $-\pi/6$

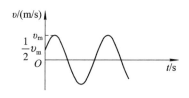

图 A - 2

7. 一横波沿绳子传播时，波的表达式为 $y = 0.05 \cos(4\pi x - 10\pi t)$(SI)，则

   A. 波长为 0.5 m   B. 波速为 5 m/s

   C. 波速为 25 m/s   D. 频率为 2 Hz

8. 根据热力学第二定律可知：_____。

   A. 功可以全部转换为热，但热不能全部转换为功

   B. 热可以从高温物体传到低温物体，但不能从低温物体传到高温物体

   C. 不可逆过程就是不能向相反方向进行的过程

   D. 一切自发过程都是不可逆的

选择题答题区

题号	1	2	3	4	5	6	7	8	得分	评卷人
答案										

得分	评卷人

二、填空题（每题 4 分，共 24 分）

填空题答题区

1	①	②	2	①	②
3	①	②	4	①	②
5	①	②	6	①	②

1. 一颗子弹在枪筒里前进时所受的合力大小为 $F = 400 - \dfrac{4 \times 10^5}{3} t$(SI)，子弹从枪口射出时的速率为 300 m/s。假设子弹离开枪口时合力刚好为零，则子弹在枪筒中所受力的冲量 $I =$ ___①___ ；子弹的质量 $m =$ ___②___ 。

2. 质量 $m=1$ kg 的物体，在坐标原点处从静止出发在水平面内沿 x 轴运动，其所受合力方向与运动方向相同，合力大小为 $F=3+2x$ (SI)，那么，物体在开始运动的 3 m 内，合力所作的功 $W=$ ___①___ ；$x=3$ m 时，其速率 $v=$ ___②___ 。

3. 一质量为 m 的质点沿着一条曲线运动，其位置矢量在空间直角坐标系中的表达式为 $\boldsymbol{r}=a\cos\omega t\boldsymbol{i}+b\sin\omega t\boldsymbol{j}$，其中 a、b、ω 皆为常量，则此质点对原点的角动量 $\boldsymbol{L}=$ ___①___ ；此质点所受对原点的力矩 $\boldsymbol{M}=$ ___②___ 。

4、一单摆的悬线长 $l=1.5$ m，在顶端固定点的竖直下方 0.45 m 处有一小钉，如图 A-3 所示。设摆动很小，则单摆的左右两方振幅之比 A_1/A_2 的近似值为 ___①___ ；周期之比 T_1/T_2 的近似值为 ___②___ 。

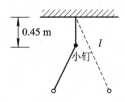

图 A-3

5. 如果入射波的表达式是 $y_1=A\cos 2\pi(t/T+x/\lambda)$，在 $x=0$ 处发生反射后形成驻波，反射点为波腹。设反射后波的强度不变，则反射波的表达式 $y_2=$ ___①___ ；在 $x=2\lambda/3$ 处质点合振动的振幅等于 ___②___ 。

6. 一定量理想气体，从 A 状态 $(2p_1，V_1)$ 经历如图 A-4 所示的直线过程变到 B 状态 $(p_1，2V_1)$，则 AB 过程中系统做功 $W=$ ___①___ ；内能改变 $\Delta E=$ ___②___ 。

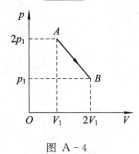

图 A-4

三、证明题(共 6 分)

得分	评卷人

试从温度公式(即分子热运动平均平动动能和温度的关系式)和压强公式导出理想气体的状态方程式。

$$pV=(M/M_{\text{mol}})RT$$

四、问答题(共 6 分)

得分	评卷人

一人用恒力 F 推地上的木箱,经历时间 Δt 未能推动木箱,此推力的冲量等于多少?木箱既然受了力 F 的冲量,为什么它的动量没有改变?

五、计算题(共 40 分)

得分	评卷人

1. (10 分)如图 A-5 所示,在与水平面成 α 角的光滑斜面上放一质量为 m 的物体,此物体系于一劲度系数为 k 的轻弹簧的一端,弹簧的另一端固定,设物体最初静止。今使物体获得一沿斜面向下的速度,设起始动能为 E_{k0},试求物体在弹簧的伸长达到 x 时的动能。

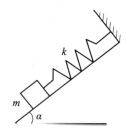

图 A-5

得分	评卷人

2. (10 分)质量分别为 m 和 $2m$、半径分别为 r 和 $2r$ 的两个均匀圆盘,同轴地粘在一起,可以绕通过盘心且垂直盘面的水平光滑固定轴转动,对转轴的转动惯量为 $9mr^2/2$,大小圆盘边缘都绕有绳子,绳子下端都挂一质量为 m 的重物,如图 A-6 所示,求盘的角加速度大小。

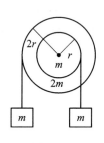

图 A-6

— 74 —

3. (10 分)一定量的某种理想气体进行如图 A－7 所示的循环过程。已知气体在状态 A 的温度为 $T_A = 300$ K，求：

(1) 气体在状态 B、C 的温度。

(2) 各过程中气体对外所做的功。

(3) 经过整个循环过程，气体从外界吸收的总热量（各过程吸热的代数和）。

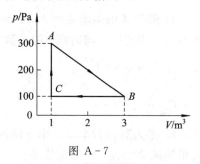

图 A－7

4. (10 分)一平面简谐波沿 Ox 轴正方向传播，波的表达式为 $y = A\cos 2\pi(\nu t - x/\lambda)$，而另一平面简谐波沿 Ox 轴负方向传播，波的表达式为 $y = 2A\cos 2\pi(\nu t + x/\lambda)$，求：

(1) $x = \lambda/4$ 处介质质点的合振动方程。

(2) $x = \lambda/4$ 处介质质点的速度表达式。

模拟试卷(B 卷)

题号	一	二	三	四	五			总得分	审核人
得分									

一、选择题（每题 3 分，共 24 分）

1. 某物体的运动规律为 $dv/dt = -kv^2t$，式中的 k 为大于零的常量。当 $t=0$ 时，初速度为 v_0，则速度 v 与时间 t 的函数关系是_____。

A. $v = \dfrac{1}{2}kt^2 + v_0$　　　　　　　　B. $v = -\dfrac{1}{2}kt^2 + v_0$

C. $\dfrac{1}{v} = \dfrac{kt^2}{2} + \dfrac{1}{v_0}$　　　　　　　　D. $\dfrac{1}{v} = -\dfrac{kt^2}{2} + \dfrac{1}{v_0}$

2. 某人骑自行车以速率 v 向西行驶，今有风以相同速率从北偏东 30°方向吹来，则此人感到风从_____方向吹来。

A. 北偏东 30°　　　B. 南偏东 30°　　　C. 北偏西 30°　　　D. 西偏南 30°

3. 假设卫星环绕地球中心作圆周运动，则在运动过程中，卫星对地球中心的_____。

A. 角动量守恒，动能也守恒　　　　　　B. 角动量守恒，动能不守恒

C. 角动量不守恒，动能守恒　　　　　　D. 角动量守恒，动量也守恒

4. 如图 B-1 所示，A、B 为两个相同的绕着轻绳的定滑轮。A 滑轮挂一质量为 M 的物体，B 滑轮受拉力 F，而且 $F=Mg$。设 A、B 两滑轮的角加速度分别为 β_A 和 β_B，不计滑轮轴的摩擦，则有_____。

A. $\beta_A = \beta_B$

B. $\beta_A > \beta_B$

C. $\beta_A < \beta_B$

D. 开始时 $\beta_A = \beta_B$，以后 $\beta_A < \beta_B$

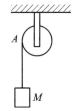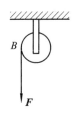

图 B-1

5. 光滑的水平面上，有一长为 $2L$、质量为 m 的细杆，可绕过其中点且垂直于杆的竖直光滑固定轴 O 自由转动，其转动惯量为 $mL^2/3$，起初杆静止。桌面上有两个质量均为 m 的小球，各自在垂直于杆的方向上，正对着杆的一端，以相同速率 v 相向运动，如图 B-2 所示。当两小球同时与杆的两个端点发生完全非弹性碰撞后，就与杆粘在一起转动，则这一系统碰撞后的转动角速度应为_____。

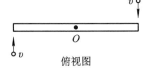

俯视图

图 B-2

A. $\dfrac{2v}{3L}$　　　　　B. $\dfrac{4v}{5L}$　　　　　C. $\dfrac{6v}{7L}$　　　　　D. $\dfrac{8v}{9L}$

6. 轻弹簧上端固定，下系一质量为 m_1 的物体，稳定后在 m_1 下边又系一质量为 m_2 的物体，于是弹簧又伸长了 Δx。若将 m_2 移去，并令其振动，则振动周期为_____。

A. $2\pi\sqrt{\dfrac{m_2\Delta x}{m_1 g}}$

B. $2\pi\sqrt{\dfrac{m_1\Delta x}{m_2 g}}$

C. $\dfrac{1}{2\pi}\sqrt{\dfrac{m_1\Delta x}{m_2 g}}$

D. $2\pi\sqrt{\dfrac{m_2\Delta x}{(m_1+m_2)g}}$

7. 一平面简谐波在弹性媒质中传播时，某一时刻媒质中某质元在负的最大位移处，则它的能量是_____。

A. 动能为零，势能最大

B. 动能为零，势能为零

C. 动能最大，势能最大

D. 动能最大，势能为零

8. 在温度分别为 327℃ 和 27℃ 的高温热源和低温热源之间工作的热机，理论上的最大效率为_____。

A. 25%   B. 50%   C. 75%   D. 91.74%

选择题答题区

题号	1	2	3	4	5	6	7	8	得分	评卷人
答案										

得分	评卷人

二、填空题（每题 4 分，共 24 分）

填空题答题区

1	①		②		2	①		②
3	①		②		4	①		②
5	①		②		6	①		②

1. 如图 B-3 所示，一圆锥摆摆长为 l、摆锤质量为 m，在水平面上作匀速圆周运动，摆线与铅直线夹角 θ，则摆线的张力 $T=$ ___①___；摆锤的速率 $v=$ ___②___。

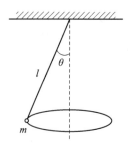

图 B－3

2. 质量 $m = 2$ kg 的质点在力 $\boldsymbol{F} = 12t\boldsymbol{i}$(SI)的作用下,从静止出发沿 x 轴正向作直线运动,前三秒内该力作用的冲量大小为 ___①___ ;前三秒内该力所做的功为 ___②___ 。

3. 两个同方向的简谐振动曲线如图 B－4 所示。合振动的振幅为 ___①___ ;合振动的振动方程为 ___②___ 。

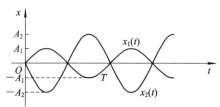

图 B－4

4. 已知一平面简谐波的表达式为 $y = A\cos(bt - dx)$,其中 b、d 为正值常量,则此波的频率 $\nu = $ ___①___ ;波长 $\lambda = $ ___②___ 。

5. 如图 B－5 所示,一简谐波在 $t = 0$ 时刻与 $t = T/4$ 时刻(T 为周期)的波形图,则 O 处质点振动的初始相位为 ___①___ ; x_1 处质点的振动方程为 ___②___ 。

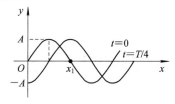

图 B－5

6. 设容器内盛有质量为 M_1 和质量为 M_2 的两种不同单原子分子理想气体,并处于平衡态,其内能均为 E,则质量为 M_1 气体的温度与摩尔质量之比 $T_1/\mu_1 = $ ___①___ ;两种气体分子的平均速率之比为 ___②___ 。

三、证明题(共 6 分)

得分	评卷人

质量为 m 的汽车,在水平面上沿 x 轴正方向运动,初始位置 $x_0 = 0$,从静止开始加速。在其发动机的功率 P 维持不变且不计阻力的条件下,证明:在时刻 t 其速度表达式为 $v = \sqrt{2Pt/m}$。

得分	评卷人

理想气体分子模型的主要内容是什么?

五、计算题(共 40 分)

得分	评卷人

1.(10分)如图 B-6 所示,质量 $M=2.0$ kg 的笼子,用轻弹簧悬挂起来,静止在平衡位置,弹簧伸长 $x_0=0.10$ m ,今有 $m=2.0$ kg 的油灰由距离笼底高 $h=0.30$ m 处自由落到笼底上,求笼子向下移动的最大距离。

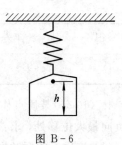

图 B-6

2. (10分)一轻绳跨过两个质量均为 m、半径均为 r 的均匀圆盘状定滑轮,绳的两端分别挂着质量为 m 和 $2m$ 的重物,如图 B-7 所示。绳与滑轮间无相对滑动,滑轮轴光滑.两个定滑轮的转动惯量均为 $mr^2/2$。将由两个定滑轮以及质量为 m 和 $2m$ 的重物组成的系统从静止释放,求两滑轮之间绳内的张力。

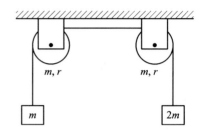

图 B-7

3. (10分)汽缸内有 2 mol 氦气,初始温度为 27℃,体积为 20 L(升),先将氦气等压膨胀,直至体积加倍,然后绝热膨胀,直至回复初温为止,把氦气视为理想气体,求:

(1) 在 p-V 图上大致画出气体的状态变化过程。

(2) 在该过程中氦气吸热多少?

(3) 氦气的内能变化是多少?

(4) 氦气所做的总功是多少?

(普适气体常量 $R=8.31$ J·mol^{-1}·K^{-1}。)

4. (10分)某质点作简谐振动,周期为 2 s,振幅为 0.06 m,$t=0$ 时刻,质点恰好处在负向最大位移处,求:

(1) 该质点的振动方程。

(2) 此振动以波速 $u=2$ m/s 沿 x 轴正方向传播时,形成的一维简谐波的波动表达式(以该质点的平衡位置为坐标原点)。

(3) 该波的波长。

模拟试卷标准答案(A卷)

一、选择题(每题 3 分,共 24 分)

B   B   C   B   B   C   A   D

二、填空题(每题 4 分,共 24 分)

1. $0.6\,\text{N}\cdot\text{s}$ $2\,\text{g}$ 2. $18\,\text{J}$ $6\,\text{m/s}$

3. $m\omega\,ab\boldsymbol{k}$ 0 4. 0.84 0.84

5. $A\cos 2\pi\left(\dfrac{t}{T}-\dfrac{x}{\lambda}\right)$ A 6. $\dfrac{3}{2}p_1V_1$ 0

三、证明题(共 6 分)

1. 证明:由温度公式 $\bar{\varepsilon}=\dfrac{3}{2}kT$ 及压强公式 $p=\dfrac{2}{3}n\bar{\varepsilon}$,得

$$p=nkT=\frac{M}{M_{\text{mol}}}\frac{N_{\text{A}}}{V}kT=\frac{M}{M_{\text{mol}}}\frac{RT}{V}$$

故

$$pV=\frac{M}{M_{\text{mol}}}RT$$

四、问答题(共 6 分)

1. 答:推力的冲量为 $\boldsymbol{F}\Delta t$。

动量定理中的冲量为合外力的冲量,此时木箱除受力 $\boldsymbol{F}$ 外还受地面的静摩擦力等其他外力,木箱未动说明此时木箱的合外力为零,故合外力的冲量也为零,根据动量定理,木箱动量不发生变化。

五、计算题(每题 10 分,共 40 分)

1. 解:如答案 A-1 图所示,设 l 为弹簧的原长,O 处为弹性势能零点;x_0 为挂上物体后的伸长量,O' 为物体的平衡位置;取弹簧伸长时物体所达到的 O'' 处为重力势能的零点。

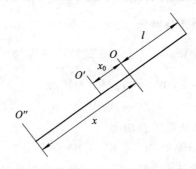

答案 A-1 图

由题意得物体在 O' 处的机械能为

$$E_1=E_{k0}+\frac{1}{2}kx_0^2+mg(x-x_0)\sin\alpha$$

在 O' 处,其机械能为

$$E_2 = \frac{1}{2}mv^2 + \frac{1}{2}kx^2$$

由于只有保守力做功，系统机械能守恒，即

$$E_{k0} + \frac{1}{2}kx_0^2 + mg(x - x_0)\sin\alpha = \frac{1}{2}mv^2 + \frac{1}{2}kx^2$$

在平衡位置有

$$mg\sin\alpha = kx_0$$

所以

$$x_0 = \frac{mg\sin\alpha}{k}$$

代入上式整理得

$$\frac{1}{2}mv^2 = E_{k0} + mgx\sin\alpha - \frac{1}{2}kx^2 - \frac{(mg\sin\alpha)^2}{2k}$$

2. 解：受力分析如答案 A - 2 图所示。

$$mg - T_2 = ma_2$$

$$T_1 - mg = ma_1$$

$$T_2(2r) - T_1 r = \frac{9mr^2\beta}{2}$$

$$2r\beta = a_2$$

$$r\beta = a_1$$

解上述 5 个联立方程，得

$$\beta = \frac{2g}{19r}$$

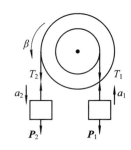

答案 A - 2 图

3. 解：由图知，$p_A = 300$ Pa，$p_B = p_C = 100$ Pa；$V_A = V_C = 1$ m^3，$V_B = 3$ m^3

（1）$C \to A$ 为等体过程，据方程 $p_A/T_A = p_C/T_C$ 得

$$T_C = \frac{T_A p_C}{p_A} = 100 \text{ K}$$

$B \to C$ 为等压过程，据方程 $V_B/T_B = V_C/T_C$ 得

$$T_B = T_C V_B / V_C = 300 \text{ K}$$

（2）各过程中气体所做的功分别为

$$A \to B\text{：}W_1 = \frac{1}{2}(p_A + p_B)(V_B - V_C) = 400 \text{ J}$$

$$B \to C\text{：}W_2 = p_B(V_C - V_B) = -200 \text{ J}$$

$$C \to A\text{：}W_3 = 0$$

（3）整个循环过程中气体所做的总功为

$$W = W_1 + W_2 + W_3 = 200 \text{ J}$$

因为循环过程气体内能增量为 $\Delta E = 0$，则该循环中气体总吸热 $Q = W + \Delta E = 200$ J。

4. 解：（1）$x = \lambda/4$ 处，有 $y_1 = A\cos\left(2\pi\nu t - \frac{1}{2}\pi\right)$，$y_2 = 2A\cos\left(2\pi\nu t + \frac{1}{2}\pi\right)$

因为 y_1，y_2 反相，所以合振动振幅 $A_s = 2A - A = A$，合振动的初相和 y_2 的初相一样为 $\frac{1}{2}\pi$。

合振动方程：

$$y = A \cos(2\pi\nu t + \frac{1}{2}\pi)$$

（2）$x = \lambda/4$ 处质点的速度为

$$v = \frac{\mathrm{d}y}{\mathrm{d}t} = -2\pi\nu A \sin(2\pi\nu t + \frac{1}{2}\pi)$$

$$= 2\pi\nu A \cos(2\pi\nu t + \pi)$$

模拟试卷标准答案(B 卷)

一、选择题(每题 3 分,共 24 分)

C   C   A   C   C   B   B   B

二、填空题(每题 4 分,共 24 分)

1. $mg/\cos\theta$ $\sin\theta\sqrt{\dfrac{gl}{\cos\theta}}$

2. $54\ \text{N}\cdot\text{s}$ $729\ \text{J}$

3. $|A_1-A_2|$ $x=|A_2-A_1|\cos\left(\dfrac{2\pi}{T}t+\dfrac{1}{2}\pi\right)$

4. $b/2\pi$ $2\pi/d$

5. $\pi/2$ $y_{x_1}=A\cos\left(\dfrac{2\pi}{T}t-\dfrac{\pi}{2}\right)$

6. $\dfrac{2E}{3M_1R}$ $\sqrt{\dfrac{M_2}{M_1}}$

三、证明题(共 6 分)

1. 证明:由 $P=Fv$ 及 $F=ma$ 得 $P=mav$,代入 $a=\dfrac{\mathrm{d}v}{\mathrm{d}t}$ 得 $P=mv\dfrac{\mathrm{d}v}{\mathrm{d}t}$,由此得 $P\mathrm{d}t=mv\,\mathrm{d}v$,两边积分,则有

$$\int_0^t P\mathrm{d}t=\int_0^v mv\,\mathrm{d}v$$

所以

$$Pt=\frac{1}{2}mv^2$$

$$v=\sqrt{\frac{2Pt}{m}}$$

四、问答题(共 6 分)

1. 答:(1) 气体分子的线度与气体分子间的平均距离相比可忽略不计。

(2) 每一个分子可看做是完全弹性的小球。

(3) 气体分子之间的平均距离相当大,除碰撞外,分子间的相互作用力略去不计。

五、计算题(每题 10 分,共 40 分)

1. 解:$k=\dfrac{Mg}{x_0}$

油灰与笼底碰前的速度:$v=\sqrt{2gh}$

碰撞后油灰与笼共同运动的速度为 V,应用动量守恒定律:

$$mv=(m+M)V \tag{①}$$

油灰与笼一起向下运动,机械能守恒,下移最大距离 Δx,则

$$\frac{1}{2}k(x_0+\Delta x)^2=\frac{1}{2}(M+m)V^2+\frac{1}{2}kx_0^2+(M+m)g\Delta x \tag{②}$$

联立①、②解得

$$\Delta x = \frac{m}{M}x_0 + \sqrt{\frac{m^2 x_0^2}{M^2} + \frac{2m^2 h x_0}{M(M+m)}} = 0.3 \text{ m}$$

2. 解：受力分析如答案 B-1 图所示。

$$2mg - T_1 = 2ma$$

$$T_2 - mg = ma$$

$$T_1 r - T r = \frac{1}{2}mr^2\beta$$

$$T r - T_2 r = \frac{1}{2}mr^2\beta$$

$$a = r\beta$$

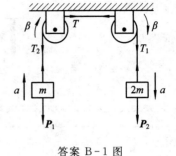

答案 B-1 图

解上述 5 个联立方程得

$$T = \frac{11mg}{8}$$

3. 解：(1) p-V 图如答案 B-2 图所示。

(2) $T_1 = (273+27) \text{ K} = 300 \text{ K}$

据 $V_1/T_1 = V_2/T_2$ 得，

$$T_2 = \frac{V_2 T_1}{V_1} = 600 \text{ K}$$

$$Q = \nu C_p (T_2 - T_1) = 1.25 \times 10^4 \text{ J}$$

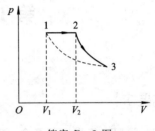

答案 B-2 图

(3) $\Delta E = 0$

(4) 据 $Q = W + \Delta E$ 得

$$W = Q = 1.25 \times 10^4 \text{ J}$$

4. 解：(1) 振动方程：

$$y_0 = 0.06\cos\left(\frac{2\pi t}{2} + \pi\right) = 0.06\cos(\pi t + \pi)(\text{SI})$$

(2) 波动表达式：

$$y = 0.06\cos\left[\pi\left(t - \frac{x}{u}\right) + \pi\right]$$

$$= 0.06\cos\left[\pi\left(t - \frac{1}{2}x\right) + \pi\right](\text{SI})$$

(3) 波长：$\lambda = uT = 4 \text{ m}$

下　篇

第 11 章　静　电　场

【基本要求】

(1) 掌握电场强度的概念,理解电场强度是矢量形式的位置函数。

(2) 掌握电场强度叠加原理,并能用叠加原理计算电场强度。

(3) 理解电场的高斯定理,并能用高斯定理计算对称分布的电场强度。

【内容提要】

1. 电荷

(1) 电荷的量子性:任何带电体的电量都是最小电量单位 e 的整数倍,即 $q = ne(e = 1.6 \times 10^{-19}$ C 是基本电量)。但由于 e 的数值太小,故在讨论电磁现象的宏观规律时认为电荷连续分布在带电体上。

(2) 电荷守恒定律:一个孤立系统内的总电量始终保持不变(即孤立系统内正负电荷的代数和保持不变)。

2. 库仑定律与叠加原理

(1) 库仑定律:真空中两个静止点电荷之间的相互作用力(库仑力)满足

$$\boldsymbol{F}_{21} = \frac{1}{4\pi\varepsilon_0} \frac{q_1 q_2}{r^2} \boldsymbol{e}_{21}, \quad \boldsymbol{F}_{12} = \frac{1}{4\pi\varepsilon_0} \frac{q_1 q_2}{r^2} \boldsymbol{e}_{12}$$

式中,$\varepsilon_0 = 8.85 \times 10^{-12}$ C^2/(N·m^2),称为真空的电容率(或真空的介电常数)。

注意:该定律只适用于真空中的点电荷。

(2) 静电力叠加原理:处在电荷系电场中的外来电荷所受的电场力满足

$$\boldsymbol{F} = \sum_i \boldsymbol{F}_i$$

3．电场和电场强度

（1）电场：电荷在其周围产生的一种特殊物质。产生电场的电荷称场源电荷。

（2）电场的基本性质：对处于其内的外来电荷施加电场力。

（3）电场强度：表示电场的强弱和方向的物理量。

$$E = \frac{F}{q_0}$$

注意以下几点：

① 电场强度只与场源电荷及周围介质有关，与试验电荷 q_0 无关。

② 电场强度是关于场点位置的矢量函数。

（4）场强叠加原理：在 n 个场源电荷产生的电场中，任意场点处的场强等于每个场源电荷单独存在时在该点产生的场强的矢量和，即

$$E = \sum_{i=1}^{n} E_i$$

（5）点电荷的电场：

$$E = \frac{q}{4\pi\varepsilon_0 r^2} e_r$$

4．电场线和电通量

（1）电场线：形象描述电场分布的图示法之一，即在电场中画出一系列有向曲线，曲线上每一点的切线方向与该点场强方向一致；每一点处曲线的密度正比于该点场强的大小。

（2）电场线的特点：每一条电场线都起始于正电荷（或无穷远处）、终止于负电荷（或无穷远处），即电场线有头有尾（不会形成闭合曲线）。

（3）电通量：$\Phi_e = \iint_S E \cdot dS = \iint_S E \, dS \cos\theta$，它表示穿过电场中某面积的电场线的条数称为电场强度通量，简称电通量。

5．高斯定理

（1）表达式：

$$\oiint_S E \cdot dS = \frac{1}{\varepsilon_0} \sum q_{\text{int}}$$

（2）物理意义：电场强度对闭合曲面的通量只与该闭合曲面内所包含的净电荷（即电荷的代数和）有关。

注意：式中的场强 E 由所有场源电荷（即 $q_{\text{int}} + q_{\text{ext}}$）决定。

6．求解电场强度的方法

（1）场强叠加法

① 由 n 个静止点电荷组成的电荷系产生的电场，任意场点处的场强为

$$E = \sum_{i=1}^{n} \frac{q}{4\pi\varepsilon_0 r_i^2} e_{ri}$$

② 若带电体上的电荷是连续分布的，则可以认为电荷由许多无限小的电荷元 dq 组成，而每个电荷元都当作点电荷来处理。由场强叠加原理得，整个带电体在场点处的场强为

$$E = \int_q \frac{\mathrm{d}q}{4\pi\varepsilon_0 r^2} \boldsymbol{e}_r \, (\text{矢量积分})。该积分的具体形式为$$

$$E = \begin{cases} \iiint_V \dfrac{\rho}{4\pi\varepsilon_0} \dfrac{\mathrm{d}V}{r^2} \boldsymbol{e}_r \, (\text{电荷体分布时}) \\[3mm] \iint_S \dfrac{\sigma}{4\pi\varepsilon_0} \dfrac{\mathrm{d}S}{r^2} \boldsymbol{e}_r \, (\text{电荷面分布时}) \\[3mm] \int_l \dfrac{\lambda}{4\pi\varepsilon_0} \dfrac{\mathrm{d}l}{r^2} \boldsymbol{e}_r \, (\text{电荷线分布时}) \end{cases}$$

（2）高斯定理法

求解方法：首先根据电荷分布的对称性分析电场分布（即 E 的大小和方向）的对称性，然后选取合适的高斯面应用高斯定理求场强。该方法的技巧是根据电场分布的对称性选取合适的高斯面，以使积分 $\oiint_S \boldsymbol{E} \cdot \mathrm{d}\boldsymbol{S}$ 中的 E（未知量）能以标量形式从积分号中提出来。

注意：高斯定理是电场的一个基本定理，适用于任意电场中的任何闭合曲面，其主要作用在于揭示电场的根本性质——有源场。但利用高斯定理求场强，却只能求出对称分布的电场的场强（而对于非对称分布的电场的场强则要用其他方法求解）。

【例题精讲】

例 11 - 1 如图（a）所示，真空中一长为 L 的均匀带电细直杆，总电量为 q，试证明在直杆延长线上与杆端距离为 d 的 P 点，其电场强度大小为

$$E = \frac{q}{4\pi\varepsilon_0 d(L+d)}$$

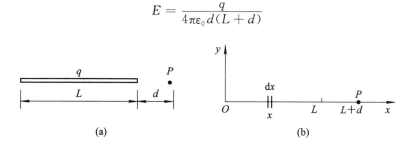

例 11 - 1 图

【证明】 建立坐标系如右上图（b）所示。均匀带电直杆的电荷线密度 $\lambda = q/L$。

在 x 处取一电荷元 $\mathrm{d}q = \lambda \, \mathrm{d}x = q \, \mathrm{d}x/L$，到 P 点的距离为 $L+d-x$，在 P 点激发的场强为

$$\mathrm{d}E = \frac{\mathrm{d}q}{4\pi\varepsilon_0 (L+d-x)^2} = \frac{q \, \mathrm{d}x}{4\pi\varepsilon_0 L(L+d-x)^2}$$

对直杆上所有电荷元积分，总场强为

$$E = \frac{q}{4\pi\varepsilon_0 L} \int_0^L \frac{\mathrm{d}x}{(L+d-x)^2} = \frac{q}{4\pi\varepsilon_0 d(L+d)}$$

得证。

例 11 - 2 一半径为 R 的细圆环，带有一长度为 $d(d \ll R)$ 的小缺口。环上均匀带有正电，总电量为 q，如图所示，则圆心 O 处的场强大小 $E =$ _____，场强方向为_____。

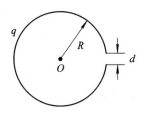

例 11 - 2 图

例 11 - 3　有一边长为 a 的正方形平面，在其中垂线上距中心 O 点 $a/2$ 处，有一电荷为 q 的正点电荷，如图所示，则通过该平面的电场强度通量为_____。

A. $\dfrac{q}{3\varepsilon_0}$　　　　B. $\dfrac{q}{4\pi\varepsilon_0}$　　　　C. $\dfrac{q}{3\pi\varepsilon_0}$　　　　D. $\dfrac{q}{6\varepsilon_0}$

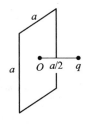

例 11 - 3 图

例 11 - 4　关于高斯定理的理解有下面几种说法，其中正确的是_____。

A. 如果高斯面上 $\boldsymbol{E}$ 处处为零，则该面内必无电荷

B. 如果高斯面内无电荷，则高斯面上 $\boldsymbol{E}$ 处处为零

C. 如果高斯面上 $\boldsymbol{E}$ 处处不为零，则高斯面内必有电荷

D. 如果高斯面内有净电荷，则通过高斯面的电场强度通量必不为零

例 11 - 5　如图所示，半径为 R 的均匀带电球体的静电场中各点的电场强度的大小 E 与距球心的距离 r 的关系曲线为_____。

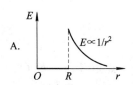　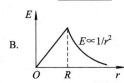　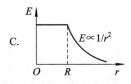　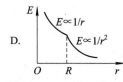

例 11 - 5 图

例 11 - 6　两块"无限大"的均匀带电平行平板，其电荷面密度分别为 $\sigma(\sigma>0)$ 和 -2σ，如图所示。试写出各区域的电场强度 $\boldsymbol{E}$。

Ⅰ区 $\boldsymbol{E}$ 的大小_____，方向_____。

Ⅱ区 $\boldsymbol{E}$ 的大小_____，方向_____。

Ⅲ区 $\boldsymbol{E}$ 的大小_____，方向_____。

例 11 - 6 图

例 11 - 7　在静电场空间作一闭合曲面，如果在该闭合面上场强 $\boldsymbol{E}$ 处处为零，能否说此闭合面内一定没有电荷？举例说明。

【答】　不一定。

闭合面上场强 $\boldsymbol{E}$ 处处为零，则穿过此闭合面的电通量 Φ 必为零。由高斯定理知道，该

闭合面内的电荷代数和为零。这可能有两种情况：一是该闭合面内的确没有电荷，二是闭合面内包含等量异号的电荷，正负电荷代数和亦为零。因此，只能说此闭合面内没有"净电荷"。

例如，两个半径不同的同心球壳，分别均匀带等量异号电荷，在外球壳的外部做一任意形状的闭合面，闭合面上的场强 E 处处为零，但面内并非没有电荷。

【习题精练】

11-1 如图所示，在坐标$(a,0)$处放置一点电荷$+q$，在坐标$(-a,0)$处放置另一点电荷$-q$。P点是x轴上的一点，坐标为$(x,0)$。当 $x \gg a$ 时，该点场强的大小为_____。

A. $\dfrac{q}{4\pi\varepsilon_0 x}$ B. $\dfrac{qa}{\pi\varepsilon_0 x^3}$ C. $\dfrac{qa}{2\pi\varepsilon_0 x^3}$ D. $\dfrac{q}{4\pi\varepsilon_0 x^2}$

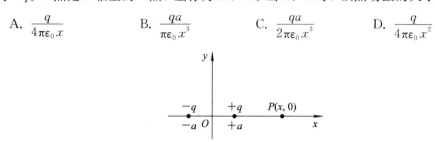

习题 11-1 图

11-2 一均匀带电直线长为 d，电荷线密度为$+\lambda$，以导线中点 O 为球心、R 为半径 $(R>d)$作一球面，如习题 11-2 图所示。则通过该球面的电场强度通量为_____；带电直线的延长线与球面交点 P 处的电场强度的大小为_____，方向_____。

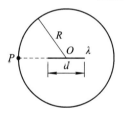

习题 11-2 图

11-3 如图所示，真空中两个正点电荷 Q，相距 $2R$。若以其中一点电荷所在处 O 点为中心，以 R 为半径作高斯球面 S，则通过该球面的电场强度通量为_____。若以 r_0 表示高斯面外法线方向的单位矢量，则高斯面上 a、b 两点的电场强度分别为_____、_____。

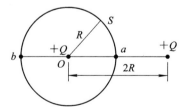

习题 11-3 图

11-4 半径为 R 的"无限长"均匀带电圆柱面的静电场中，各点的电场强度的大小 E 与到轴线的距离 r 的关系曲线为_____。

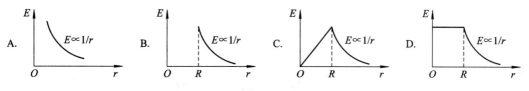

习题 11-4 图

11-5 设在半径为 R 的球体内,其电荷分布以球心为点对称,电荷体密度为 $\rho = kr$ $(0 \leqslant r \leqslant R)$,球外 $\rho = 0 (r > R)$,k 为一常量。试用高斯定理求全空间的电场强度与 r 的函数关系。

11-6 三个平行的"无限大"均匀带电平面,其电荷面密度都是 $+\sigma$,如图所示,则 B、D 两个区域的电场强度分别为:$E_B = $ _____;$E_D = $ _____。(设方向向右为正。)

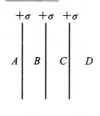

习题 11-6 图

11-7 两个带有等量异号电荷的无限长同轴圆柱面,半径分别为 R_1 和 $R_2 (R_2 > R_1)$,单位长度上的电荷为 λ,求全空间的电场强度。

第 12 章　电　势

【基本要求】

（1）理解静电场的环路定理。

（2）掌握电势的概念，理解电势是标量形式的位置函数。

（3）掌握电势叠加原理，并能用叠加原理计算电势。

（4）理解电能密度的概念，并能计算电场能量。

【内容提要】

1. 静电场的保守性

（1）静电场力做功的特点：静电场力所做的功与路径无关（其值与路径的起点和终点位置有关）。因此静电场力是保守力，静电场是保守场。

（2）静电场的环路定理：静电场中，场强沿任一闭合路径的线积分等于零（即 E 对闭合回路的环流为零）。

$$\oint_L E \cdot dr = 0$$

物理意义：单位电荷在静电场中移动一周时静电场力对其做功为零。

2. 电势差和电势

（1）电势差：由静电场的保守性知，从场点 P_1 到场点 P_2 移动单位正电荷时电场力做功 $\int_{P_1}^{P_2} E \cdot dr$ 为一定数，该数值与 P_1、P_2 的位置有关。因此存在一个由场点位置决定的函数 φ 满足 $\varphi_1 - \varphi_2 = \int_{P_1}^{P_2} E \cdot dr$。其中 φ 称为势函数，$\varphi_1 - \varphi_2$ 称为点 P_1 与点 P_2 的电势差，记为

$$U_{12} = \varphi_1 - \varphi_2 = \int_{P_1}^{P_2} E \cdot dr$$

它表示由 P_1 到 P_2 移动单位正电荷时电场力所做的功（物理意义）。

（2）电势：势函数 φ 又称为电势。上式只能确定 P_1、P_2 两点的电势差，而不能确定这两点的电势各是多少。要确定电场中任一点的电势值，需先选定一个参考点并将该点的电势规定为零（称电势零点）。由上式可知，若选 P_0 为电势零点，则任一点 P 的电势为

$$\varphi = \int_P^{P_0} E \cdot dr$$

它表示由 P 点到电势零点移动单位正电荷时电场力所做的功（物理意义）。

注意以下几点：

① 电势只与场源电荷及周围介质有关，与试验电荷 q_0 无关。

② 电势是关于场点位置的标量函数。

③ 因静电场力做功与路径无关，故利用上式求电势时总是选择合适的路径使积分最简单。

④ 由上可知，电场中某点的电势值与电势零点的选择有关，但两点电势差的数值与电势零点的选择无关。

（3）电势零点的选取方法：为使上面的积分 $\int_P^{P_0} \boldsymbol{E} \cdot \mathrm{d}\boldsymbol{r}$ 具有确定的值（即不发散），电势零点应按下面的方法选取。

① 当场源电荷分布在有限范围内时，电势零点可任意选取。但为了使用方便，一般选无限远处为电势零点。

② 当场源电荷分布到无限范围时，电势零点只能选在有限区域内，其具体位置视方便而定。

3. 电势叠加原理

（1）电势叠加原理：在 n 个场源电荷产生的电场中，任意场点处的电势等于每个场源电荷单独存在时在该点产生的电势的代数和，即 $\varphi = \sum\limits_{i=1}^{n} \varphi_i$。

由静止的点电荷的电势公式 $\varphi = \dfrac{q}{4\pi\varepsilon_0 r}$（选 $\varphi_\infty = 0$）可知：

① 对由 n 个静止点电荷组成的电荷系产生的电场，任意场点处的电势为 $\varphi = \sum\limits_{i=1}^{n} \dfrac{q_i}{4\pi\varepsilon_0 r_i}$。

② 若带电体上的电荷是连续分布的，可以认为电荷由许多无限小的电荷元 $\mathrm{d}q$ 组成，而每个电荷元都当作点电荷来处理，则整个带电体在场点处的电势为 $\varphi = \int_q \dfrac{\mathrm{d}q}{4\pi\varepsilon_0 r}$（为标量积分，可直接积）。

$$\varphi = \begin{cases} \displaystyle\iiint_V \dfrac{\rho\,\mathrm{d}V}{4\pi\varepsilon_0 r} & \text{（电荷体分布时）} \\[2mm] \displaystyle\iint_S \dfrac{\sigma\,\mathrm{d}S}{4\pi\varepsilon_0 r} & \text{（电荷面分布时）} \\[2mm] \displaystyle\int_l \dfrac{\lambda\,\mathrm{d}l}{4\pi\varepsilon_0 r} & \text{（电荷线分布时）} \end{cases}$$

（2）等势面：电势相等的点组成的曲面。它是人们形象地描述电场分布的图示法之一。

（3）等势面与电场线的关系：

① 等势面与电场线处处正交，电场线的方向指向电势降低的方向。

② 等势面间距较小处电场线排列较密（即场强大），等势面间距较大处电场线排列较稀（即场强小）。

4. 电势梯度

电场强度是描述电场对外来电荷施加电场力性质的物理量，而电势则是描述外来电荷在电场中具有电势能性质的物理量。两者都用来描述电场，之间存在一定关系，两者的关系表现在以下两个方面。

积分关系：$\varphi = \displaystyle\int_P^{P_0} \boldsymbol{E} \cdot \mathrm{d}\boldsymbol{r}$（选 $\varphi_{P_0} = 0$）。

利用积分关系可在已知场强分布的情况下求电势。

微分关系：$\boldsymbol{E} = -\nabla\varphi = -\dfrac{\partial\varphi}{\partial x}\boldsymbol{e}_x - \dfrac{\partial\varphi}{\partial y}\boldsymbol{e}_y - \dfrac{\partial\varphi}{\partial z}\boldsymbol{e}_z$

该式表明，电场中任一点的场强方向沿该点附近电势降低最快的方向，场强大小等于沿该方向每单位长度上电势降落的数值。利用微分关系可在已知电势分布时求场强。

5. 电荷在外电场中的静电势能

由于静电场是保守场，于是便有静电势能的概念。电荷 q 在外电场中某点时的静电势能（简称电势能）定义为：$W = q\varphi = q\displaystyle\int_P^{P_0} \boldsymbol{E} \cdot \mathrm{d}\boldsymbol{r}$（选 $W_{P_0} = 0$），它表示由场点到电势能零点（即电势零点）移动电荷 q 时静电场力所做的功（物理意义）。静电势能属于电荷 q 与产生外电场的场源电荷组成的电荷系统共有，是一种相互作用能。

综前所述，静电场力做功、电势能、电势、电势差之间满足如下关系：

$$A_{12} = W_1 - W_2 = q(\varphi_1 - \varphi_2) = qU_{12}$$

且从根本上来说，电势能、电势、电势差的本质都是静电场力所做的功。

6. 静电场的能量

与其他物质一样，静电场也携带能量。静电场的能量实际上是产生静电场的电荷间的相互作用能。

电场能量密度：$w_{\mathrm{e}} = \dfrac{\mathrm{d}W}{\mathrm{d}V} = \dfrac{1}{2}\varepsilon_0 E^2$

电场能量：$W = \displaystyle\iiint_V w_{\mathrm{e}}\, \mathrm{d}V = \iiint_V \dfrac{1}{2}\varepsilon_0 E^2\, \mathrm{d}V$

【例题精讲】

例 12-1　一均匀静电场，电场强度 $\boldsymbol{E} = (400\boldsymbol{i} + 600\boldsymbol{j})\,\mathrm{V/m}$，则点 $a(3, 2)$ 和点 $b(1, 0)$ 之间的电势差 $U_{ab} = $ _____（x，y 以米计）。

例 12-2　一点电荷 $q = 10^{-9}\,\mathrm{C}$，A、B、C 三点分别距离该点电荷 $10\,\mathrm{cm}$、$20\,\mathrm{cm}$、$30\,\mathrm{cm}$。若选 B 点的电势为零，则 A 点的电势为 _____，C 点的电势为 _____。（$\varepsilon_0 = 8.85 \times 10^{-12}\,\mathrm{C}^2 \cdot \mathrm{N}^{-1} \cdot \mathrm{m}^{-2}$）

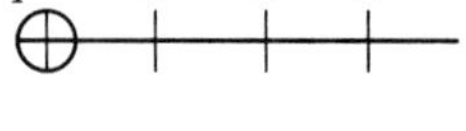

例 12-2 图

例 12-3　如图所示，一半径为 R 的均匀带电圆盘，电荷面密度为 σ。设无穷远处为电势零点，计算圆盘中心 O 点电势。

【解】 解法一：利用电势叠加原理。在圆盘上任取一面元 $\mathrm{d}S = r\,\mathrm{d}r\,\mathrm{d}\theta$（$0 \leqslant r \leqslant R$，$0 \leqslant \theta \leqslant 2\pi$），所带电量 $\mathrm{d}q = \sigma\,\mathrm{d}S$ 在 O 点激发的电势为

$$\mathrm{d}U = \frac{\mathrm{d}q}{4\pi\varepsilon_0 r} = \frac{\sigma r\,\mathrm{d}r\,\mathrm{d}\theta}{4\pi\varepsilon_0 r}$$

总电势为

$$U = \iint_S \mathrm{d}U = \frac{\sigma}{4\varepsilon_0} \int_0^R \mathrm{d}r \int_0^{2\pi} \mathrm{d}\theta = \frac{\sigma R}{2\varepsilon_0}$$

解法二，利用电场强度积分。由上章内容已知均匀带电圆盘的轴线上，到圆盘中心距离为 z 的点处电场强度为 $E_z = \frac{\sigma}{2\varepsilon_0}\left(1 - \frac{z}{\sqrt{R^2 + z^2}}\right)$，取无限远处为零电势点，根据电势的定义有

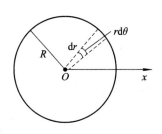

例 12-3 图

$$U = \int_P^{P_0} \boldsymbol{E} \cdot \mathrm{d}\boldsymbol{r} = \frac{\sigma}{2\varepsilon_0} \int_0^\infty \left(1 - \frac{z}{\sqrt{R^2 + z^2}}\right)\mathrm{d}z = \frac{\sigma R}{2\varepsilon_0}$$

例 12-4 如图所示，在盖革计数器中有一直径为 2.00 cm 的金属圆筒，在圆筒轴线上有一条直径为 0.134 mm 的导线。如果在导线与圆筒之间加上 850 V 的电压，试求导线表面处和金属圆筒内表面处的电场强度大小。

【解】 设导线上的电荷线密度为 λ，与导线同轴作单位长度的、半径为 r（导线半径 $R_1 < r <$ 圆筒半径 R_2）的高斯圆柱面，则根据高斯定理，求得内部电场为

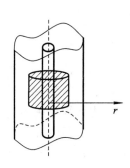

例 12-4 图

$$E = E_r = \frac{\lambda}{2\pi\varepsilon_0 r}$$

式中，$R_1 < r < R_2$，方向沿半径指向圆筒。

导线与圆筒之间的电势差为

$$U_{12} = \int_{R_1}^{R_2} \boldsymbol{E} \cdot \mathrm{d}\boldsymbol{r} = \frac{\lambda}{2\pi\varepsilon_0} \int_{R_1}^{R_2} \frac{\mathrm{d}r}{r} = \frac{\lambda}{2\pi\varepsilon_0} \ln\frac{R_2}{R_1} = rE \ln\frac{R_2}{R_1}$$

则

$$E = \frac{U_{12}}{r \ln(R_2/R_1)}$$

代入数值得

导线表面处：$E_1 = \dfrac{U_{12}}{R_1 \ln(R_2/R_1)} = 2.54 \times 10^6$ V/m

圆筒内表面处：$E_2 = \dfrac{U_{12}}{R_2 \ln(R_2/R_1)} = 1.70 \times 10^4$ V/m

例 12-5 已知某电场的电场线分布情况如图所示。现有一负电荷从 M 点移到 N 点，下列结论正确的是_____。

A. 电场强度 $E_M > E_N$

B. 电势 $U_M > U_N$

C. 电势能 $W_M < W_N$

D. 电场力的功 $A > 0$

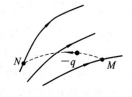

例 12-5 图

例 12-6 静电场中某点电势的数值等于_____。

A. 试验电荷 q_0 置于该点时具有的电势能

B. 单位试验电荷置于该点时具有的电势能

C. 单位正电荷置于该点时具有的电势能

D. 把单位正电荷从该点移到电势零点外力所做的功

例 12 - 7 如果某带电体其电荷分布的体密度 ρ 增大为原来的 2 倍，则其电场的能量变为原来的_____。

A. 2 倍   B. 1/2 倍   C. 4 倍   D. 1/4 倍

【习题精练】

12 - 1 静电场的环路定理的数学表示式为_____。该式的物理意义是_____。该定理表明，静电场是_____场。

12 - 2 一半径为 R 的均匀带电球面，总电量为 Q。若规定该球面上的电势值为零，则无限远处的电势将等于_____。

A. $\dfrac{Q}{4\pi\varepsilon_0 R}$ B. 0   C. $\dfrac{-Q}{4\pi\varepsilon_0 R}$ D. ∞

12 - 3 把一个均匀带正电 Q 的球形肥皂泡由半径 r_1 吹胀到 r_2，则半径为 $R(r_1 < R < r_2)$ 的高斯面上任一点：电场强度的大小由_____变为_____；电势由_____变为_____（电势零点在 ∞ 处）。

12 - 4 图中所示为一沿 x 轴放置的长度为 l 的不均匀带电细直杆，其电荷线密度为 $\lambda = \lambda_0(x-a)$，λ_0 为一常量。取无穷远处为电势零点，求坐标原点 O 处的电势。

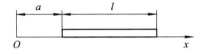

习题 12 - 4 图

12 - 5 电荷以相同的面密度 σ 分布在半径为 $r_1 = 10$ cm 和 $r_2 = 20$ cm 的两个同心球面上。设无限远处电势为零，球心处的电势为 $U_0 = 300$ V，求：

(1) 电荷面密度 σ。

(2) 若要使球心处的电势也为零，则外球面上应放掉多少电荷？

（$\varepsilon_0 = 8.85 \times 10^{-12}$ C$^2 \cdot$ N$^{-1} \cdot$ m^{-2}）

12 - 6 如图所示，一半径为 R 的均匀带正电圆环，其电荷线密度为 λ。在其轴线上有 A、B 两点，它们与环心的距离分别为 $\overline{OA} = \sqrt{3}R$，$\overline{OB} = \sqrt{8}R$。一质量为 m，电荷为 q 的粒子从 A 点运动到 B 点。求在此过程中电场力所做的功。

12 - 7 一均匀带电球面和一均匀带电球体，如果它们的半径相同且总电荷相等，问哪一种情况的电场能量大？为什么？

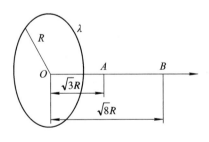

习题 12 - 6 图

第 13 章　静电场中的导体

【基本要求】

(1) 掌握导体的静电平衡条件。

(2) 理解导体上的电荷分布和有导体时的电场分布。

【内容提要】

1. 导体的静电平衡条件

当金属导体处在静电场中时,其内部的自由电子将在静电场力的作用下作定向运动,称静电感应过程。自由电子的定向移动改变了导体上原来的电荷分布,而电荷分布的改变又导致了导体内部及周围电场分布的改变,直到电荷分布最终停止改变时,导体所处的状态称为静电平衡状态。

导体的静电平衡状态:导体上(内部和表面)没有电荷定向移动时所处的状态。

导体的静电平衡条件:

(1) 导体内部场强处处为零,表面上或表面附近的场强方向与表面垂直。

(2) 导体上(内部和表面)所有点的电势相等,因此导体是等势体,其表面是等势面。

2. 静电平衡的导体上的电荷分布

处于静电平衡状态的导体上的电荷分布满足以下规律:

(1) 净电荷只分布在导体表面上,其内部没有未被抵消的净电荷。

(2) 导体表面各处的面电荷密度(大小)与该处的场强大小成正比,即 $\sigma = \varepsilon_0 E$。

(3) 孤立导体表面各处的面电荷密度(大小)与该处表面的曲率大小有关,曲率大的地方面电荷密度大。

3. 有导体存在时静电场的分析与计算

分析有导体存在时的电场分布,关键在于确定导体上的电荷分布。该问题可根据电荷守恒定律、导体的静电平衡条件,结合静电场的基本规律综合分析计算。主要有以下两种方法:

(1) 感应法:首先分析导体孤立存在时其上的电荷分布,然后再分析导体上的感应电荷分布,两者之和即为导体上的总电荷分布。该方法只适用于较简单的问题。

(2) 计算法:首先找出问题中导体表面的个数,以导体表面上的电荷面密度为未知量,然后根据上述规律找出未知量之间满足的关系(列方程),并求解方程组。该方法对较复杂的问题特别有效。

4. 静电屏蔽

根据静电平衡时导体内部的场强为零这一特点,如把导体内部做成空腔,则导体空腔内部的场强处处为零，且不受空腔外电场变化的影响。因此导体空腔能屏蔽外部电场。

【例题精讲】

例 13−1　如图所示，封闭的导体壳 A 内有两个导体 B 和 C。A、C 不带电，B 带正电，则 A、B、C 三导体的电势 U_A、U_B、U_C 的大小关系是_____。

A. $U_A = U_B = U_C$

B. $U_B > U_A = U_C$

C. $U_B > U_C > U_A$

D. $U_B > U_A > U_C$

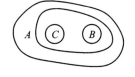

例 13−1 图

例 13−2　选无穷远处为电势零点，半径为 R 的导体球带电后，其电势为 U_0，则球外离球心距离为 r 处的电场强度的大小为_____。

A. $\dfrac{R^2 U_0}{r^3}$　　　　B. $\dfrac{U_0}{R}$　　　　C. $\dfrac{R U_0}{r^2}$　　　　D. $\dfrac{U_0}{r}$

例 13−3　半径分别为 1.0 cm 与 2.0 cm 的两个球形导体，各带电荷 1.0×10^{-8} C，两球相距很远。若用细导线将两球相连接，求：

（1）每个球所带电荷。

（2）每个球的电势。

$\left(\dfrac{1}{4\pi\varepsilon_0} = 9 \times 10^9 \text{ N} \cdot \text{m}^{-2} \cdot \text{C}^{-2} \right)$

【解】　设两球半径分别为 r_1 和 r_2，导线连接前带电量均为 q；连接后的电荷重新分布，分别为 q_1 和 q_2，则 $q_1 + q_1 = 2q$。

两球相距很远，可视为孤立导体，互不影响。球上电荷均匀分布，则两球电势分别为

$$U_1 = \frac{q_1}{4\pi\varepsilon_0 r_1}, \quad U_2 = \frac{q_2}{4\pi\varepsilon_0 r_2}$$

两球相连后构成一个等势体，$U_1 = U_2$，则有

$$\frac{q_1}{r_1} = \frac{q_2}{r_2} = \frac{q_1 + q_2}{r_1 + r_2} = \frac{2q}{r_1 + r_2}$$

由此得到

$$q_1 = \frac{2q r_1}{r_1 + r_2} = 6.67 \times 10^{-9} \text{ C}$$

$$q_2 = \frac{2q r_2}{r_1 + r_2} = 13.3 \times 10^{-9} \text{ C}$$

两球电势为

$$U_1 = U_2 = \frac{q_1}{4\pi\varepsilon_0 r_1} = 6.0 \times 10^3 \text{ V}$$

例 13−4　如图所示，三个"无限长"的同轴导体圆柱面 A、B 和 C，半径分别为 R_A、R_B、R_C。圆柱面 B 上带电荷，A 和 C 都接地。求 B 的内表面上电荷线密度 λ_1 和外表面上电荷线密度 λ_2 之比值 λ_1/λ_2。

【解】　设 B 上带正电荷，内表面上电荷线密度为 λ_1，外表面上电荷线密度为 λ_2，而 A、

C 上相应地感应等量负电荷，则 A、B 间场强分布为

$$E_1 = \lambda_1 / 2\pi\varepsilon_0 r (方向由 B 指向 A)$$

B、C 间场强分布为

$$E_2 = \lambda_2 / 2\pi\varepsilon_0 r (方向由 B 指向 C)$$

B、A 间的电势差为

$$U_{BA} = \int_{R_B}^{R_A} E_1 \cdot \mathrm{d}r = -\frac{\lambda_1}{2\pi\varepsilon_0} \int_{R_B}^{R_A} \frac{\mathrm{d}r}{r} = \frac{\lambda_1}{2\pi\varepsilon_0} \ln \frac{R_B}{R_A}$$

B、C 间的电势差为

$$U_{BC} = \int_{R_B}^{R_C} E_1 \cdot \mathrm{d}r = \frac{\lambda_2}{2\pi\varepsilon_0} \int_{R_B}^{R_C} \frac{\mathrm{d}r}{r} = \frac{\lambda_2}{2\pi\varepsilon_0} \ln \frac{R_C}{R_B}$$

因 $U_{BA} = U_{BC}$，得到

$$\frac{\lambda_1}{\lambda_2} = \frac{\ln(R_C/R_B)}{\ln(R_B/R_A)}$$

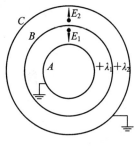

例 13 - 4 图

【习题精练】

13-1　把 A、B 两块不带电的导体放在一带正电导体的电场中，如图所示。设无限远处为电势零点，A 的电势为 U_A，B 的电势为 U_B，则_____。

    A. $U_B > U_A \neq 0$

    B. $U_B > U_A = 0$

    C. $U_B = U_A$

    D. $U_B < U_A$

习题 13 - 1 图

13-2　三块平行导体板如图所示，间距 d_1 和 d_2 比面积线度小得多，外两板用导线连接，中间板带电且左右面上电荷面密度分别为 σ_1 和 σ_2，求电荷面密度之比 σ_1/σ_2。

13-3　一导体 A，带电荷 Q_1，其外包一导体壳 B，带电荷 Q_2，且不与导体 A 接触。试证明在静电平衡时，B 的外表面带电荷为 $Q_1 + Q_2$。

习题 13 - 2 图

13-4　如图所示，把一块原来不带电的金属板 B，移近一块已带有正电荷 Q 的金属板 A，平行放置。设两板面积都是 S，板间距离是 d，忽略边缘效应。当 B 板不接地时，两板间电势差 $U_{AB} =$ _____；B 板接地时两板间电势差 $U'_{AB} =$ _____。

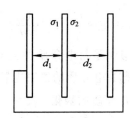

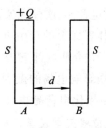

习题 13 - 4 图

第 14 章　静电场中的电介质

【基本要求】

（1）理解电介质对电场的影响，掌握电位移矢量及其高斯定理。

（2）理解电容的概念，掌握电容的计算方法。

（3）理解电场能量的计算。

【内容提要】

1. 电介质对电场的影响

电介质通常指绝缘物质。

实验现象：取两个平行放置的金属板，设两板上分别带有等量异号的电量$+Q$、$-Q$，此时两板间的电势差为U_0，两板间的场强大小为E_0。现保持极板上的电量不变，在两极板间充满电介质，则可得到下列结论：

（1）充满电介质后极板间的电势差$U=\dfrac{U_0}{\varepsilon_r}<U_0$。

（2）由$E=\dfrac{U}{d}$、$E_0=\dfrac{U_0}{d}$知，充满电介质后极板间的场强$E=\dfrac{E_0}{\varepsilon_r}<E_0$。

其中，$\varepsilon_r \geqslant 1$是与电介质种类有关的常数，称为电介质的相对电容率（或相对介电常数）。$\varepsilon=\varepsilon_r\varepsilon_0$称为电介质的绝对电容率（或绝对介电常数）。

2. 电介质的极化

不论电介质是由极性分子还是由非极性分子组成的，将电介质充满平板电容器内后，由于外电场的影响使得在与场强垂直的两个对立介质表面上出现了等量异号的面束缚电荷（或面极化电荷），这种现象称为电介质在外电场中的极化。

与导体表面上的自由电荷产生电场E_0一样，分布在介质表面上的极化电荷也能激发电场E'。由于在介质内部E'与E_0方向相反，使得介质电容器内部的总场强$E=E_0+E'<E_0$。这就是电介质影响电场的微观解释。

注意：极化电荷是束缚电荷，而感应电荷是自由电荷。

3. 电位移矢量及其高斯定理

这里仍以平板电容器内充满电介质为例来进行讨论。

由$E=E_0/\varepsilon_r$可得，当有电介质存在时E的高斯定理表示为$\oiint_S \boldsymbol{E} \cdot \mathrm{d}\boldsymbol{S} = \dfrac{1}{\varepsilon}q_{0,\text{int}}$。

引入辅助量$\boldsymbol{D}=\varepsilon\boldsymbol{E}$，称为电位移矢量（关于场点位置的矢量函数），则$E$的高斯定理又

可表示为 D 的高斯定理，其表达式为 $\oiint_S D \cdot dS = q_{0,\text{int}}$。

这两种形式高斯定理的物理意义与真空中静电场的高斯定理相似。

(1) 有介质时高斯定理等号右边的 $q_{0,\text{int}}$ 仅指包含在闭合曲面内的导体上的自由电荷，不包括电介质被极化后产生的极化电荷。

(2) E 的高斯定理表明：场强 E 由导体上的自由电荷和电介质共同决定；而由 D 的高斯定理可知：电位移 D 只与导体上的自由电荷有关，与电介质无关。

注意：电位移 D 仅是为了方便而引入的辅助量，其本身无物理意义。

4. 电容器

(1) 电容器的电容

两个相互靠近但彼此绝缘的导体系统称为电容器。当电容器的两极分别带有等量异号电量 $+Q$、$-Q$ 时，由于两极间的电势差 $U \propto Q$，因此 Q/U 为一常数，称为电容器的电容，记为 $C = \dfrac{Q}{U}$，它表示电容器的容电能力大小(物理意义)。

影响电容器电容的因素：两导体的形状大小、两导体的间距、周围电介质。

充满电介质后电容器的电容 $C = \varepsilon_r C_0 > C_0$。

(2) 电容器电容的计算方法

先假定两极板分别带电量 $\pm Q$，然后由电场分布求出两极板间的电势差，再根据电容的定义求出电容值。

平行板电容器的电容：

$$C = \frac{\sigma S}{U} = \frac{\varepsilon_0 S}{d}$$

球形电容器的电容：

$$C = \frac{Q}{U} = \frac{4\pi\varepsilon_0 R_A R_B}{R_B - R_A}$$

式中：R_A、R_B 分别为球的内、外半径。

圆柱形电容器的电容：

$$C = \frac{2\pi\varepsilon_0 l}{\ln\dfrac{R_B}{R_A}}$$

孤立导体的电容：当孤立导体带电量 Q 时，由于其电势 $U = \propto Q$，因此 Q/U 为一常数，称为孤立导体的电容，记为 $C = \dfrac{Q}{U}$，它表示孤立导体容电能力的大小(物理意义)。

影响孤立导体电容的因素：导体的形状、大小、周围电介质。

其实可以认为孤立导体与无限远处的另一导体组成一个电容器，则该电容器的电容即为该孤立导体的电容。

(3) 电容器的串并联

① 当多个电容器并联在一起使用时，各电容器所承担的电压相等，其等效电容满足

$$C = \sum_i C_i$$

② 当多个电容器串联在一起使用时，各电容器所带电量相等，其等效电容满足

$$\frac{1}{C} = \sum_i \frac{1}{C_i}$$

5. 电容器的能量

电容器的能量公式:

$$W = \frac{1}{2}\frac{Q^2}{C} = \frac{1}{2}CU^2 = \frac{1}{2}QU$$

电容器的能量同样也是电容器两极所带电荷的相互作用能,储存在电容器内的电场中。

【例题精讲】

例 14-1 一导体球外充满相对介电常量为 ε_r 的均匀电介质,若测得导体表面附近场强为 E,则导体球面上的自由电荷面密度 σ 为_____。

A. $\varepsilon_0 E$ B. $\varepsilon_0\varepsilon_r E$ C. $\varepsilon_r E$ D. $(\varepsilon_0\varepsilon_r - \varepsilon_0)E$

例 14-2 关于高斯定理,下列说法正确的是_____。

A. 高斯面内不包围自由电荷,则面上各点电位移矢量 **D** 为零

B. 高斯面上处处 **D** 为零,则面内必不存在自由电荷

C. 高斯面的 **D** 通量仅与面内自由电荷有关

D. 以上说法都不正确

例 14-3 C_1 与 C_2 两电容器串联,问以下情况各量是增大、减小还是不变?

(1) 如图(a)所示,在 C_1 中插入电介质板,则 C_1 的电容_____,总电容 C _____。

(2) 如图(b)所示,在电源保持联接的情况下向 C_1 中插入电介质板,则 C_1 极板上的电量_____,C_2 极板上的电量_____。

(3) 若充电后,断开电源再插入电介质板,则 C_1、C_2 两端电势差 U_1 ____,U_2 ____。

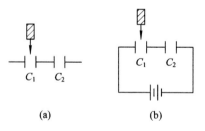

(a)   (b)

例 14-3 图

例 14-4 一空气平行板电容器,电容为 C,两极板间距离为 d。充电后,两极板间相互作用力为 F,则两极板间的电势差为_____,极板上的电荷为_____。

例 14-5 一圆柱形电容器,外柱的直径为 2 cm,内柱的直径可以适当选择,其间充满各向同性的均匀电介质,该介质的击穿电场强度的大小为 $E_0 = 200$ kv/cm。试求该电容器可能承受的最高电压。(自然对数的底 e = 2.7183)

【解】 设圆柱形电容器充入等量异号电荷,内柱的电荷线密度为 λ,根据高斯定理,可得内外极柱之间的电场强度大小为 $E = \dfrac{\lambda}{2\pi\varepsilon r}(r_1 \leqslant r \leqslant r_2)$,$r_1$ 和 r_2 分别为内外柱半径。

内柱表面处半径最小，场强最大，不能超过介质的击穿电场强度，即 $\dfrac{\lambda}{2\pi\varepsilon r_1}\leqslant E_0$，得 $r_1 E_0\geqslant\dfrac{\lambda}{2\pi\varepsilon}$。

两极柱之间的临界电压为

$$U=\int_{r_1}^{r_2}\boldsymbol{E}\cdot\mathrm{d}\boldsymbol{r}=\int_{r_1}^{r_2}\frac{\lambda}{2\pi\varepsilon r}\frac{\mathrm{d}r}{}=\frac{\lambda}{2\pi\varepsilon}(\ln r_2-\ln r_1)=r_1 E_0(\ln r_2-\ln r_1)$$

U 是关于内柱半径 r_1 的函数，利用导数求函数的极值：

$$\frac{\mathrm{d}U}{\mathrm{d}r_1}=E_0(\ln r_2-\ln r_1)-E_0=0$$

可得 $\ln r_2-\ln r_1=1$ 及 $r_1=r_2/\mathrm{e}$，将其代入电压计算公式可得电压的极值为

$$U_{\mathrm{m}}=\frac{r_2 E_0}{\mathrm{e}}=147\ \mathrm{kV}$$

$$\frac{\mathrm{d}^2 U}{\mathrm{d}r_1{}^2}=-\frac{E_0}{r_1}<0$$

说明该极值是最大值。

例 14-6 在介电常数为 ε 的无限大各向同性均匀电介质中，有一半径为 R 的孤立导体球，对它不断充电使电量达 Q，试通过充电过程中外力做功。证明：带电导体球的静电能量为 $\dfrac{Q^2}{8\pi\varepsilon R}$。

【证明】 设某瞬时球上带电 q，电势为 U，将 $\mathrm{d}q$ 自 ∞ 处移至球面，外力做功等于电势能的增量 $\mathrm{d}W$，即 $\mathrm{d}W=U\,\mathrm{d}q$。因为球上电量由 $q=0\rightarrow Q$，外力做的总功为球末态的电势能（即球带电 Q 的总静电能），所以

$$W=\int_0^Q U\,\mathrm{d}q=\int_0^Q\frac{q}{4\pi\varepsilon R}\,\mathrm{d}q=\frac{Q^2}{8\pi\varepsilon R}$$

【习题精练】

14-1 一个半径为 R 的薄金属球壳，带有电荷 q，壳内真空，壳外是无限大的相对介电常量为 ε_r 的各向同性均匀电介质。设无穷远处为电势零点，求球壳的电势 U。

14-2 一平行板电容器，充电后与电源保持连接，然后使两极板间充满相对介电常量为 ε_r 的各向同性均匀电介质，这时两极板上的电荷是原来的_____倍；电场能量是原来的_____倍。

14-3 C_1 和 C_2 两个电容器，其上分别标明 200 pF（电容量）、500 V（耐压值）和 300 pF、900 V。把它们串联起来在两端加上 1000 V 电压，则_____。

A. C_1 被击穿，C_2 不被击穿

B. C_2 被击穿，C_1 不被击穿

C. 两者都被击穿

D. 两者都不被击穿

14-4 C_1 和 C_2 两空气电容器串联起来接上电源充电，然后将电源断开，再把一电介质板插入 C_1 中，如图所示，则_____。

A. C_1 上电势差减小，C_2 上电势差增大

B. C_1 上电势差减小，C_2 上电势差不变

C. C_1 上电势差增大，C_2 上电势差减小

D. C_1 上电势差增大，C_2 上电势差不变

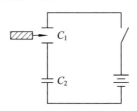

习题 14-4 图

14-5 一个平行板电容器，充电后与电源断开，若用绝缘手柄将电容器两极板间距拉大，则两极板间的电势差 U_{12}、电场强度的大小 E、电场能量 W 将发生以下变化_____。

A. U_{12} 减小，E 减小，W 减小

B. U_{12} 增大，E 增大，W 增大

C. U_{12} 增大，E 不变，W 增大

D. U_{12} 减小，E 不变，W 不变

14-6 一平板电容器的电容为 10 pF，充电到带电量为 1.0×10^{-8} C 后，断开电源。

（1）计算极板间的电势差和电场能量。

（2）若把两板拉到原距离的两倍，计算拉开前后电场能量的改变，并解释其原因。

第 15 章　稳 恒 磁 场

【基本要求】

（1）理解毕奥－萨伐尔定律，掌握一些简单问题中的磁感应强度的计算。

（2）理解磁场的高斯定理。

（3）理解安培环路定理，掌握安培环路定理计算磁感应强度的条件和方法。

【内容提要】

1. 磁场、磁感强度

近代的物理学家为了解释电荷之间的和永磁体之间的相互作用力而引入了"场"的概念：在一个磁体周围的空间中存在着一个磁场，使处于这一空间中任何位置的另一磁体受到磁场所施加力的作用，同时第二个磁体所产生的磁场也对第一个磁体施加着反作用力。因为力是矢量，所以磁场是矢量场。

运动电荷（含传导电流和磁体）在其周围产生磁场，位于磁场中的运动电荷受磁力作用。

产生磁场分为三种情况：① 运动电荷；② 电流，即载流子定向移动；③ 磁铁，即分子电流。

类似于电场强度 E 的引入，我们也从力的角度出发给出表征磁场性质的重要物理量——磁感应强度 B。用运动电荷在磁场中的受力定义磁感应强度 B。

（1）电荷沿某一特定的方向运动受磁力为零，规定此方向为 P 点磁感应强度 B 的方向。

（2）电荷在某一特定的平面内运动时受磁力最大（F_{max}），此时 v 垂直于 B。定义 P 点磁感应强度 B 的大小为 $B = F_{max}/(qv)$。

2. 毕奥—萨伐尔定律

将载流导线看成由无数无限小连续分布的电流元 $I\,\mathrm{d}l$ 构成，每个电流元单独在场点 P 处产生的磁感应强度为

$$\mathrm{d}B = \frac{\mu_0}{4\pi}\frac{I\,\mathrm{d}l \times e_r}{r^2}$$

这就是毕奥—萨伐尔定律。

载流导线在 P 点的总磁感应强度 $B = \int \mathrm{d}B$，这是场强的叠加原理。

毕奥—萨伐尔定律不是直接从实验总结出来的规律。因为在客观上不存在稳恒的电流元，它必须是闭合的，所以该定律是概括了闭合电流情况下的实验数据，是间接得到的。

3. 磁场的高斯定理

如同用电场线来描述静电场那样，我们可用磁感应线来形象地描述磁场。通过某点的磁感应线的切线方向为该点的磁场方向；而用磁感应线的疏密来表示磁感应强度的大小。通过某面积 S 的磁通量为

$$\Phi = \int_S \boldsymbol{B} \cdot \mathrm{d}\boldsymbol{S}$$

如果在磁场中取一闭合曲面，由于磁感应线是闭合的，所以进入闭合曲面的磁通量与穿出闭合曲面的磁通量应相等。也就是说，通过磁场中任意闭合曲面的磁通量应等于 0，其数学表达式为

$$\oint_S \boldsymbol{B} \cdot \mathrm{d}\boldsymbol{S} = 0$$

它揭示了磁场是无源场，磁感应线是无头无尾的闭合曲线，总是环绕着电流成涡旋状，故磁场是有旋场。

4. 安培环路定理

稳恒磁场的磁感应强度 $\boldsymbol{B}$ 沿任何闭合路径 L 的线积分，等于穿过 L 的电流强度代数和的 μ_0 倍。

$$\oint_l \boldsymbol{B} \cdot \mathrm{d}\boldsymbol{l} = \mu_0 \sum I_i$$

5. 求解磁场磁感应强度的方法

（1）毕奥—萨伐尔定律。

（2）安培环路定理：可计算某些具有一定对称性的载流导线的磁场。关键是选择安培环路 L，使 $\boldsymbol{B}$ 与环路相切，大小相等，或一部分相切，一部分为零，使 $\boldsymbol{B}$ 能以标量形式从积分号内提出来。

几个典型的公式：

一段载流直导线的磁场：

$$B = \frac{\mu_0 I}{4\pi a}(\cos\theta_1 - \cos\theta_2)$$

无限长载流直导线的磁场：

$$B = \frac{\mu_0 I}{2\pi a}$$

圆形载流导线圆心处的磁场：

$$B_0 = \frac{\mu_0 I}{2R}$$

载流长直螺线管内的磁场：

$$B = \mu_0 n I$$

【例题精讲】

例 15-1 在真空中，电流由长直导线 1 沿垂直于底边 bc 方向经 a 点流入一由电阻均匀的导线构成的正三角形金属线框，再由 b 点从三角形框流出，经长直导线 2 沿 cb 延长线方向返回电源（如图所示）。已知长直导线上的电流强度为 I，三角框的每一边长为 l，求正

三角形的中心点 O 处的磁感应强度 $\boldsymbol{B}$。

【解】 令 $\boldsymbol{B}_1$、$\boldsymbol{B}_2$、$\boldsymbol{B}_{acb}$ 和 $\boldsymbol{B}_{ab}$ 分别代表长直导线 1、2 和三角形框 ac、cb 边和 ab 边中的电流在 O 点产生的磁感应强度，则

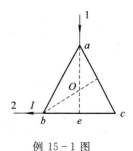

$$\boldsymbol{B} = \boldsymbol{B}_1 + \boldsymbol{B}_2 + \boldsymbol{B}_{acb} + \boldsymbol{B}_{ab}$$

由于 O 点在导线 1 的延长线上，所以 $\boldsymbol{B}_1 = 0$。

由毕奥-萨伐尔定律得

$$B_2 = \frac{\mu_0 I}{4\pi d}(\cos 150° - \cos 180°)$$

例 15-1 图

$$d = \overline{Oe} = \frac{1}{2} l \cdot \tan 30° = \frac{\sqrt{3}l}{6}$$

代入得

$$B_2 = \frac{6\mu_0 I}{4\pi \cdot \sqrt{3}l}(1 - \frac{\sqrt{3}}{2}) = \frac{\mu_0 I}{4\pi l}(2\sqrt{3} - 3) \quad \text{（方向为垂直纸面向里）}$$

由于 ab 和 acb 并联，因此有

$$I_{ab} \cdot R_{ab} = I_{acb} \cdot R_{acb}$$

又由于电阻在三角框上均匀分布，因此有

$$\frac{R_{ab}}{R_{acb}} = \frac{\overline{ab}}{\overline{ac} + \overline{cb}} = \frac{1}{2}$$

所以

$$I_{ab} = 2I_{acb}$$

由毕奥-萨伐尔定律有，$B_{acb} = B_{ab}$ 且方向相反，故

$$B = B_2 = \frac{\mu_0 I}{4\pi l}(2\sqrt{3} - 3) \quad \text{（方向为垂直纸面向里）}$$

例 15-2 如图所示，一无限长载流平板宽度为 a，线电流密度（即沿 x 方向单位长度上的电流）为 δ，求与平板共面并且距离平板一边为 b 的任意点 P 的磁感应强度。

【解】 利用无限长载流直导线的公式求解。

（1）取离 P 点为 x、宽度为 dx 的无限长载流细条，它的电流 $di = \delta\, dx$。

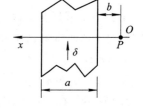

（2）载流长条在 P 点产生的磁感应强度为

$$dB = \frac{\mu_0\, di}{2\pi x} = \frac{\mu_0 \delta\, dx}{2\pi x}$$

例 15-2 图

方向为垂直纸面向里。

（3）所有载流长条在 P 点产生的磁感应强度的方向都相同，所以载流平板在 P 点产生的磁感应强度为

$$B = \int dB = \frac{\mu_0 \delta}{2\pi} \int_b^{a+b} \frac{dx}{x} = \frac{\mu_0 \delta}{2\pi} \ln \frac{a+b}{b}$$

方向为垂直纸面向里。

例 15-3 如图所示，半径为 R，线电荷密度为 λ（>0）的均匀带电圆线圈，绕过圆心与圆平面垂直的轴以角速度 ω 转动，求轴线上任一点的 $\boldsymbol{B}$ 的大小及其方向。

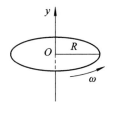

【解】
$$I = R\lambda\omega$$

$$B = B_y = \frac{\mu_0 R^3 \lambda\omega}{2(R^2 + y^2)^{3/2}}$$

$\boldsymbol{B}$ 的方向与 y 轴正向一致。

例 15-3 图

例 15-4 平面闭合回路由半径为 R_1 及 R_2（$R_1 > R_2$）的两个同心半圆弧和两个直导线段组成（如图所示）。已知两个直导线段在两半圆弧中心 O 处的磁感应强度为零，且闭合载流回路在 O 处产生的总的磁感应强度 B 与半径为 R_2 的半圆弧在 O 点产生的磁感应强度 B_2 的关系为 $B = 2B_2/3$，求 R_1 与 R_2 的关系。

【解】 根据毕奥-萨伐尔定律，设半径为 R_1 的载流半圆弧在 O 点产生的磁感应强度为 B_1，则

$$B_1 = \frac{\mu_0 I}{4R_1}$$

同理可得

$$B_2 = \frac{\mu_0 I}{4R_2}$$

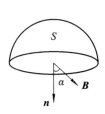

例 15-4 图

因为 $R_1 > R_2$

所以 $B_1 < B_2$

故磁感应强度为

$$B = B_2 - B_1 = \frac{\mu_0 I}{4R_2} - \frac{\mu_0 I}{4R_1} = \frac{\mu_0 I}{6R_2}$$

所以 $R_1 = 3R_2$

例 15-5 在磁感应强度为 $\boldsymbol{B}$ 的均匀磁场中作一半径为 r 的半球面 S，S 边线所在平面的法线方向单位矢量 $\boldsymbol{n}$ 与 $\boldsymbol{B}$ 的夹角为 α，则通过半球面 S 的磁通量（取弯面向外为正）为 _____。

A. $\pi r^2 B$ B. $2\pi r^2 B$

C. $-\pi r^2 B \sin\alpha$ D. $-\pi r^2 B \cos\alpha$

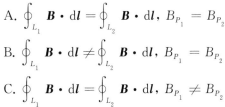

例 15-5 图

例 15-6 在图（a）和图（b）中各有一半径相同的圆形回路 L_1、L_2，圆周内有电流 I_1、I_2，其分布相同，且均在真空中，但在图（b）中 L_2 回路外有电流 I_3，P_1、P_2 为两圆形回路上的对应点，则 _____。

A. $\oint_{L_1} \boldsymbol{B} \cdot \mathrm{d}\boldsymbol{l} = \oint_{L_2} \boldsymbol{B} \cdot \mathrm{d}\boldsymbol{l}$，$B_{P_1} = B_{P_2}$

B. $\oint_{L_1} \boldsymbol{B} \cdot \mathrm{d}\boldsymbol{l} \neq \oint_{L_2} \boldsymbol{B} \cdot \mathrm{d}\boldsymbol{l}$，$B_{P_1} = B_{P_2}$

C. $\oint_{L_1} \boldsymbol{B} \cdot \mathrm{d}\boldsymbol{l} = \oint_{L_2} \boldsymbol{B} \cdot \mathrm{d}\boldsymbol{l}$，$B_{P_1} \neq B_{P_2}$

D. $\oint_{L_1} \boldsymbol{B} \cdot \mathrm{d}\boldsymbol{l} \neq \oint_{L_2} \boldsymbol{B} \cdot \mathrm{d}\boldsymbol{l}$，$B_{P_1} \neq B_{P_2}$

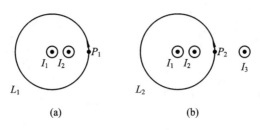

(a)   (b)

例 15 - 6 图

例 15 - 7 在安培环路定理 $\oint_L \boldsymbol{B} \cdot \mathrm{d}\boldsymbol{l} = \mu_0 \sum I_i$ 中，$\sum I_i$ 是指 ＿＿＿＿ ；$\boldsymbol{B}$ 是指

＿＿＿＿ 。

例 15 - 8 判断下列说法是否正确，并说明理由：

(1) 若所取围绕长直载流导线的积分路径是闭合的，但不是圆，则安培环路定理也成立。

(2) 若围绕长直载流导线的积分路径是闭合的，但不在一个平面内，则安培环路定理不成立。

例 15 - 9 如图所示，长直电缆由半径为 R_1 的导体圆柱与同轴的内外半径分别为 R_2、R_3 的导体圆筒构成，电流沿轴线方向由一导体流入，从另一导体流出，设电流强度 I 都均匀地分布在横截面上，求距轴线为 r 处的磁感应强度的大小($0 < r < \infty$)。

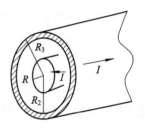

例 15 - 9 图

【解】 利用安培环路定理 $\oint_S \boldsymbol{B} \cdot \mathrm{d}\boldsymbol{l} = \mu_0 \sum I$ 分段讨论。

(1) 当 $0 < r \leqslant R_1$ 时，有

$$B_1 \cdot 2\pi r = \mu_0 \frac{\pi r^2 I}{\pi R_1^2}$$

$$B_1 = \frac{\mu_0 I r}{2\pi R_1^2}$$

(2) 当 $R_1 \leqslant r \leqslant R_2$ 时，有

$$B_2 \cdot 2\pi r = \mu_0 I$$

$$B_2 = \frac{\mu_0 I}{2\pi r}$$

(3) 当 $R_2 \leqslant r \leqslant R_3$ 时，有

$$B_3 \cdot 2\pi r = \mu_0 \left(I - \frac{\pi r^2 - \pi R_2^2}{\pi R_3^2 - \pi R_2^2} I \right)$$

$$B_3 = \frac{\mu_0 I}{2\pi r} \cdot \frac{R_3^2 - r^2}{R_3^2 - R_2^2}$$

(4) 当 $r > R_3$ 时，有

$$B_4 \cdot 2\pi r = \mu_0 (I - I)$$

$$B_4 = 0$$

故

$$B = \begin{cases} \dfrac{\mu_0 Ir}{2\pi R_1^2} & (0 < r \leqslant R_1) \\[2mm] \dfrac{\mu_0 I}{2\pi r} & (R_1 \leqslant r \leqslant R_2) \\[2mm] \dfrac{\mu_0 I}{2\pi r} \cdot \dfrac{R_3^2 - r^2}{R_3^2 - R_2^2} & (R_2 \leqslant r \leqslant R_3) \\[2mm] 0 & (r > R_3) \end{cases}$$

例 15-10 如图所示，一半径为 R 的均匀带电无限长直圆筒，面电荷密度为 σ。该筒以角速度 ω 绕其轴线匀速旋转。试求圆筒内部的磁感应强度。

【解】 圆筒旋转时相当于圆筒上具有同向的面电流密度 i：

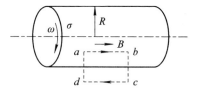

$$i = \frac{2\pi R\sigma\omega}{2\pi} = R\sigma\omega$$

作矩形有向闭合环路，如图所示。从电流分布的对称性分析可知，在 $\overline{ab}$ 上各点 $\boldsymbol{B}$ 的大小和方向均相同，而且 $\boldsymbol{B}$ 的方向平行于 $\overline{ab}$，在 $\overline{bc}$ 和 $\overline{da}$ 上各点 $\boldsymbol{B}$ 的方向与线元垂直，在 $\overline{cd}$ 上各点 $\boldsymbol{B}=0$。

例 15-10 图

应用安培环路定理 $\oint \boldsymbol{B} \cdot \mathrm{d}\boldsymbol{l} = \mu_0 \sum I$ 可得

$$B \,\overline{ab} = \mu_0 i \,\overline{ab}$$
$$B = \mu_0 i = \mu_0 R\sigma\omega$$

圆筒内部为均匀磁场，磁感应强度的大小为 $B = \mu_0 R\sigma\omega$，方向平行于轴线朝右。

【习题精练】

15-1 试求出图中所示两种情况的平面内的载流均匀导线在给定点 P 处所产生的磁感应强度的大小。

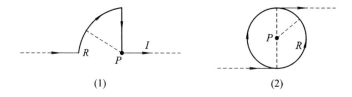

(1)　　　　　　　　(2)

习题 15-1 图

15-2 在真空中，电流 I 由长直导线 1 沿垂直 bc 边方向经 a 点流入一由电阻均匀的导线构成的正三角形线框，再由 b 点沿平行 ac 边方向流出，经长直导线 2 返回电源（如图所示）。三角形框每边长为 l，则在该正三角框中心 O 点处磁感应强度的大小为_____；磁感应强度的方向为_____。

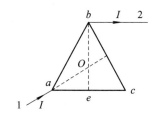

习题 15-2 图

15-3 如图所示，无限长直导线在 P 处弯成半径为 R 的圆，当通以电流 I 时，圆心 O 点的磁感应强度大小等于_____。

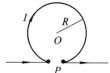

习题 15-3 图

A. $\dfrac{\mu_0 I}{2\pi R}$ B. $\dfrac{\mu_0 I}{4R}$ C. 0

D. $\dfrac{\mu_0 I}{2R}\left(1-\dfrac{1}{\pi}\right)$

15-4 有一无限长通电流的扁平铜片，宽度为 a，厚度不计，电流 I 在铜片上均匀分布，在铜片外与铜片共面，离铜片右边缘为 b 处的 P 点（如图所示）的磁感应强度 $\boldsymbol{B}$ 的大小为_____。

A. $\dfrac{\mu_0 I}{2\pi(a+b)}$

B. $\dfrac{\mu_0 I}{2\pi a}\ln\dfrac{a+b}{b}$

C. $\dfrac{\mu_0 I}{2\pi b}\ln\dfrac{a+b}{b}$

D. $\dfrac{\mu_0 I}{\pi(a+2b)}$

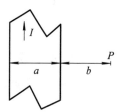

习题 15-4 图

15-5 如图所示，一半径为 R 的带电塑料圆盘，其中半径为 r 的阴影部分均匀带正电荷，面电荷密度为 $+\sigma$，其余部分均匀带负电荷，面电荷密度为 $-\sigma$。当圆盘以角速度 ω 旋转时，测得圆盘中心 O 点的磁感应强度为零，问 R 与 r 满足什么关系？

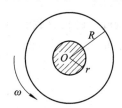

习题 15-5 图

15-6 两根长直导线通有电流 I，图示有三种环路：

对环路 a，$\oint \boldsymbol{B}\cdot\mathrm{d}\boldsymbol{l}=$ _____；

对环路 b，$\oint \boldsymbol{B}\cdot\mathrm{d}\boldsymbol{l}=$ _____；

对环路 c，$\oint \boldsymbol{B}\cdot\mathrm{d}\boldsymbol{l}=$ _____。

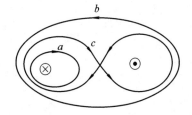

习题 15-6 图

15-7 若空间存在两根无限长直载流导线，空间的磁场分布就不具有简单的对称性，则该磁场分布_____。

A. 不能用安培环路定理来计算

B. 可以直接用安培环路定理求出

C. 只能用毕奥—萨伐尔定律求出

D. 可以用安培环路定理和磁感应强度的叠加原理求出

15－8　如图(a)所示，磁场由沿空心长圆筒形导体的均匀分布的电流产生，圆筒半径为 R，x 坐标轴垂直圆筒轴线，原点在中心轴线上。图(b)～(f)中曲线_____表示 B-x 的关系。

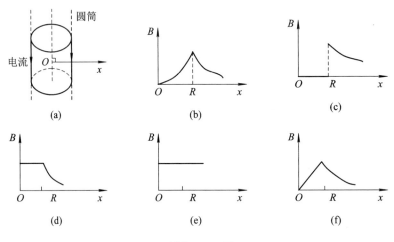

习题 15－8 图

15－9　一载有电流 I 的细导线分别均匀密绕在半径为 R 和 r 的长直圆筒上形成两个螺线管，两螺线管单位长度上的匝数相等。设 $R = 2r$，则两螺线管中的磁感应强度大小 B_R 和 B_r 应满足_____。

A. $B_R = 2B_r$ 　　　　B. $B_R = B_r$

C. $2B_R = B_r$ 　　　　D. $B_R = 4B_r$

15－10　如图所示，有两根平行放置的长直载流导线，它们的直径为 a，反向流过相同大小的电流 I，电流在导线内均匀分布。试在图示的坐标系中求出 x 轴上两导线之间区域 $\left[\dfrac{1}{2}a, \dfrac{5}{2}a\right]$ 内磁感应强度的分布。

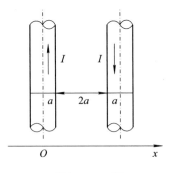

习题 15－10 图

第16章 磁 力

【基本要求】

(1) 理解洛伦兹力公式，掌握带电粒子在均匀磁场中的受力和运动情况。

(2) 理解载流导线在磁场中受的力和力矩。

(3) 理解磁矩和磁力矩的概念。

【内容提要】

1. 带电粒子在磁场中的运动

运动的带电粒子在磁场中受到的作用力称为洛伦兹力。它是荷兰物理学家洛伦兹于 1895 年建立经典电子论时作为基本假定而首先提出来的，因此得名。

$$\boldsymbol{F} = q\boldsymbol{v} \times \boldsymbol{B}$$

因洛伦兹力始终与电荷的运动方向垂直，所以它永远不对电荷做功，它不能改变电荷速度的大小，只改变速度的方向。

设带电粒子的电量为 q，质量为 m 时，以速度 v 垂直于 $\boldsymbol{B}$ 的方向进入一稳恒磁场中，洛伦兹力作为向心力使粒子作圆周运动，即 $qvB = mv^2/R$，粒子的运动半径为

$$R = \frac{mv}{qB}$$

回旋周期为

$$T = \frac{2\pi R}{v} = \frac{2\pi m}{qB}$$

设带电粒子的电量为 q，质量为 m 时，以速度 v 与 $\boldsymbol{B}$ 的夹角为 θ 时的方向进入一稳恒磁场中，将速度写成与 $\boldsymbol{B}$ 平行、垂直的两个分量之和。垂直分量使粒子受洛伦兹力 $f = qvB\sin\theta$，作半径 $R = mv\sin\theta/(qB)$、周期 $T = 2\pi m/(qB)$ 的匀速圆周运动。平行分量不受力，作匀速直线运动，单位时间（每转一周）前进距离 $h = Tv\cos\theta = \frac{2\pi m}{qB}v\cos\theta$，称为螺距。粒子的运动轨迹为等距螺旋线。

2. 载流导线在磁场中受的力和力矩

电流元在磁场中受到的磁力可以看成是洛伦兹力的宏观表现。整个电流元 $I\,\mathrm{d}\boldsymbol{l}$ 受到的磁力，称为安培力。

$$\mathrm{d}\boldsymbol{F} = I\,\mathrm{d}\boldsymbol{l} \times \boldsymbol{B}$$

放在磁场中的一段载流导线所受磁力是其上所有电流元受的安培力的矢量和，即

$$F = \int \mathrm{d}F = \int_L I \; \mathrm{d}l \times B$$

可以证明：在均匀磁场中一根任意形状的载流导线与相应直导线所受的磁力相等。最后我们应注意，安培力公式中的 B 是外磁场，即该磁场是由其他电流或磁铁产生的，不应包括受力电流元 $I \; \mathrm{d}l$ 本身所产生的磁场。

由安培力知，通有电流强度 I、所围面积为 S 的 N 匝载流线圈在磁场中将受磁力矩作用，关系如下：

$$M = NISe_n \times B = m \times B$$

定义载流线圈的磁矩：

$$m = NISe_n$$

可以证明：对于任意形状的平面载流线圈，上式均成立。

【例题精讲】

例 16 - 1 两个带电粒子，以相同的速度垂直磁感线飞入匀强磁场，它们的质量之比是 1∶4，电荷之比是 1∶2，它们所受的磁场力之比是_____；运动轨迹半径之比是_____。

例 16 - 2 如图所示，匀强磁场中有一矩形通电线圈，它的平面与磁场平行，在磁场作用下，线圈发生转动，其方向是_____。

A. ab 边转入纸内，cd 边转出纸外

B. ab 边转出纸外，cd 边转入纸内

C. ad 边转入纸内，bc 边转出纸外

D. ad 边转出纸外，bc 边转入纸内

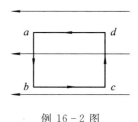

例 16 - 2 图

例 16 - 3 如图所示，长载流导线 ab 和 cd 相互垂直，它们相距 l，ab 固定不动，cd 能绕中点 O 转动，并能靠近或离开 ab。当电流方向如图所示时，导线 cd 将_____。

A. 顺时针转动同时离开 ab

B. 顺时针转动同时靠近 ab

C. 逆时针转动同时离开 ab

D. 逆时针转动同时靠近 ab

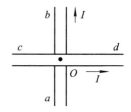

例 16 - 3 图

例 16 - 4 如图所示，一条任意形状的载流导线位于均匀磁场中。试证明：导线 a 到 b 之间的一段上所受的安培力等于载同一电流的直导线 ab 所受的安培力。

【证明】 由安培定律 $\mathrm{d}f = I \; \mathrm{d}l \times B$ 知，ab 整曲线所受安培力为

$$f = \int \mathrm{d}f = \int_a^b I \; \mathrm{d}l \times B$$

因整条导线中 I 是一定的量，磁场又是均匀的，可以把 I 和 B 提到积分号之外，即

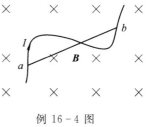

例 16 - 4 图

$$f = \int_a^b I \, \mathrm{d}l \times \boldsymbol{B} = I(\int_a^b \mathrm{d}l) \times \boldsymbol{B} = I\overrightarrow{ab} \times \boldsymbol{B}$$

载流相同、起点与终点一样的曲导线和直导线,处在均匀磁场中,所受安培力相同。

例 16 - 5 如图(a)所示,将一无限大均匀载流平面放入均匀磁场中,设均匀磁场方向沿 Ox 轴正方向且其电流方向与磁场方向垂直指向纸内。已知放入后平面两侧的总磁感应强度分别为 B_1 与 B_2,求:

(1) 原磁场的磁感应强度 B_0 及此无限大均匀载流平面激发磁场的磁感应强度 B。

(2) 此无限大均匀载流平面的面电流的线密度 i。

(3) 该载流平面上单位面积所受的磁场力大小及方向。

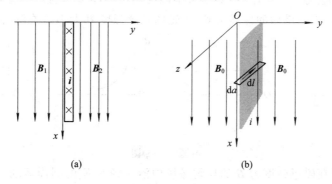

例 16 - 5 图

【解】 设 $\boldsymbol{B}_0$ 为均匀磁场的磁感应强度,i 为载流平面的面电流线密度,$\boldsymbol{B}$ 为无限大载流平面产生的磁场,则有

$$B = \frac{1}{2}\mu_0 i$$

由题意知,$B_1 = B_0 - B$,$B_2 = B_0 + B$,所以有

$$B_0 = \frac{1}{2}(B_1 + B_2), \quad B = \frac{1}{2}(B_2 - B_1)$$

故

$$i = \frac{B_2 - B_1}{\mu_0}$$

如图(b)所示,在无限大平面上沿 z 轴方向上取长 $\mathrm{d}l$,沿 x 轴方向取宽 $\mathrm{d}a$,则其面积为 $\mathrm{d}S = \mathrm{d}l \, \mathrm{d}a$,面元所受的安培力为

$$\boldsymbol{F} = i \, \mathrm{d}a \, \mathrm{d}l B_0(-\boldsymbol{j}) = i \, \mathrm{d}S B_0(-\boldsymbol{j})$$

单位面积所受的力为

$$\frac{\boldsymbol{F}}{\mathrm{d}S} = iB_0(-\boldsymbol{j}) = -\frac{B_2^2 - B_1^2}{2\mu_0}\boldsymbol{j}$$

例 16 - 6 载流平面线圈在均匀磁场中所受的力矩大小与线圈所围面积_____;在面积一定时,与线圈的形状_____。

A. 有关　B. 无关

例 16 - 7 两个同心圆线圈,大圆半径为 R,通有电流 I_1;小圆半径为 r,通有电流 I_2,方向如图所示。

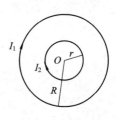

例 16 - 6 图

若 $r \ll R$(大线圈在小线圈处产生的磁场近似为均匀磁场),则当它们处在同一平面内时小线圈所受磁力矩的大小为_____。

A. $\dfrac{\mu_0 \pi I_1 I_2 r^2}{2R}$

B. $\dfrac{\mu_0 I_1 I_2 r^2}{2R}$

C. $\dfrac{\mu_0 \pi I_1 I_2 R^2}{2r}$

D. 0

【习题精练】

16-1 一质量为 m、电荷为 q 的粒子,以与均匀磁场 $\boldsymbol{B}$ 垂直的速度 v 射入磁场内,则粒子运动轨道所包围范围内的磁通量 Φ_m 与磁场磁感强度 $\boldsymbol{B}$ 大小的关系曲线是_____。

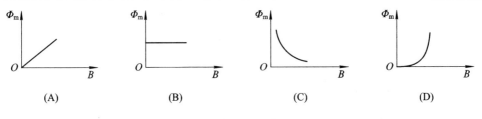

习题 16-1 图

16-2 电子在磁感强度为 $\boldsymbol{B}$ 的均匀磁场中沿半径为 R 的圆周运动,电子运动所形成的等效圆电流强度 $I =$_____;等效圆电流的磁矩 $p_m =$_____。(已知电子电荷为 e,电子的质量为 m_e。)

16-3 一个动量为 p 的电子,沿图示方向入射并能穿过一个宽度为 D、磁感强度为 $\boldsymbol{B}$(方向垂直纸面向外)的均匀磁场区域,则该电子出射方向和入射方向间的夹角为_____。

A. $\alpha = \arccos \dfrac{eBD}{p}$

B. $\alpha = \arcsin \dfrac{eBD}{p}$

C. $\alpha = \arcsin \dfrac{BD}{ep}$

D. $\alpha = \arccos \dfrac{BD}{ep}$

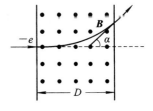

习题 16-3 图

16-4 把轻的正方形线圈用细线挂在载流直导线 AB 的附近,两者在同一平面内,直导线 AB 固定,线圈可以活动。当正方形线圈通以如图所示的电流时线圈将_____。

A. 不动

B. 发生转动,同时靠近导线 AB

C. 离开导线 AB

D. 靠近导线 AB

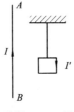

习题 16-4 图

16－5　长直电流 I_2 与圆形电流 I_1 共面，并与其一直径相重合（但两者间绝缘），如图所示，设长直电流不动，则圆形电流将_____。

A. 绕 I_2 旋转　　　　　B. 向左运动

C. 向右运动　　　　　D. 向上运动

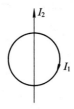

习题 16－5 图

16－6　无限长直线电流 I_1 与直线电流 I_2 共面，几何位置如图所示，试求直线电流 I_2 受到电流 I_1 磁场的作用力。

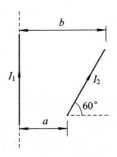

习题 16－6 图

16－7　在匀强磁场中，有两个平面线圈，其面积 $A_1 = 2A_2$，通有电流 $I_1 = 2I_2$，它们所受的最大磁力矩之比 M_1/M_2 等于_____。

A. 4　　　　　B. 2　C. 1　D. $\dfrac{1}{4}$

第 17 章 磁场中的磁介质

【基本要求】

（1）了解介质的磁化现象及其微观解释，了解各向同性磁介质中的磁场强度 H 和磁感应强度 B 之间的关系与区别。

（2）理解介质中的安培环路定理。

（3）了解铁磁质的特性。

【内容提要】

1. 磁介质对磁场的影响

介质放在磁场 B_0 中将被磁化。在外磁场作用下，分子磁矩定向排列，使介质的表面出现一层（效果相当于）电流，称为磁化电流（也叫束缚电流）。磁化电流由分子电流叠加而成，不是在介质表面流动的传导电流，不同于金属中自由电子定向运动形成的传导电流（也叫自由电流），只是在产生磁场这一点上与传导电流相似，因此它不能产生楞次—焦耳热。

磁化电流产生附加的磁场 B'，介质内的总磁场为 $B = B_0 + B'$。不同的介质对磁场的影响不同，有的介质产生的 B' 与外磁场 B_0 方向相同，而有的介质产生的 B' 却与 B_0 方向相反。

实验指出：磁介质中的磁感应强度 B 与真空中的磁感应强度 B_0 之间有如下关系：

$$B = \mu_r B_0$$

按 μ_r 的不同，磁介质分为三类：

（1）顺磁质：$\mu_r > 1$，使 $B > B_0$。

（2）抗磁质：$\mu_r < 1$，使 $B < B_0$。

（3）铁磁质：$\mu_r \gg 1$，使 $B \gg B_0$。

2. 磁化的微观机理

磁介质的分子中电子绕原子核的轨道运动和电子自旋运动的总和，可以等效为一个圆电流，称为分子电流。一个圆电流产生的磁场可用磁偶极矩表示，也称为分子极矩。磁介质在外磁场 B_0 的作用下，产生附加磁矩及附加磁场 B'。按附加磁场 B' 与外磁场 B_0 的方向关系，分为顺磁质、抗磁质。

弱磁质产生的 B' 可用分子电流-分子磁矩来解释，铁磁质产生的 B' 可用磁畴来解释。

3. 磁介质中的安培环路定理

有磁介质存在的空间内某点的磁感应强度 B 显然与介质有关，其中有磁化电流产生的部分。而要求得磁介质的附加磁场往往是很困难的，与电介质类似，为了避免计算磁化电流而引入辅助量——磁场强度 H。对于充满各向同性均匀磁介质的空间，有 $H = \dfrac{B}{\mu}$，式中 $\mu = \mu_r \mu_0$ 称为磁导率。

有磁介质时的安培环路定理：

$$\oint_L H \cdot dl = \sum I_i$$

H 的环流与磁化电流无关（与传导电流及位移电流有关）。

在求解磁介质中磁感强度 B 时，可先用磁介质中的安培环路定理求出磁介质中的磁场强度 H，然后再利用 $B = \mu H = \mu_0 \mu_r H$ 求出该点的 B。

4. 铁磁质

铁磁质的主要特性如下：

(1) 相对磁导率非常大，即 $\mu_r \gg 1$。

(2) μ_r 不是恒量，随外磁场的变化而变化，铁磁质的 B 与 H 之间不是线性关系。

(3) 存在磁滞现象。当铁磁材料的磁性状态改变时磁感应强度的变化落后于磁场强度的变化，这种现象称为磁滞。

(4) 存在特定的临界温度，称为居里点。当温度超过居里点时，铁磁质失去铁磁性而表现出顺磁质的特性。

铁磁质按矫顽力的大小分为硬磁材料和软磁材料。

硬磁材料矫顽力较大，剩磁也大，适宜于制造永磁体。

软磁材料矫顽力较小，磁滞损耗小，适宜于制造变压器、电磁铁和电机中的铁心。

【例题精讲】

例 17-1 顺磁物质的磁导率_____。

A. 比真空的磁导率略小   B. 比真空的磁导率略大

C. 远小于真空的磁导率   D. 远大于真空的磁导率

例 17-2 置于磁场中的磁介质，介质表面形成面磁化电流，试问该面磁化电流能否产生楞次—焦耳热？为什么？

例 17-3 关于环路 L 上的 H 及对环路 L 的积分 $\oint_L H \cdot dl$，以下说法正确的是_____。

A. H 与整个磁场空间的传导电流、磁化电流有关，而 $\oint_L H \cdot dl$ 只与环路 l 内传导电流有关

B. H 与 $\oint_L H \cdot dl$ 都只与环路内的传导电流有关

C. H 与 $\oint_L H \cdot dl$ 都与整个磁场空间内的所有传导电流有关

D. H 与 $\oint_L H \cdot dl$ 都与空间内的传导电流和磁化电流有关

例 17-4 用细导线均匀密绕成长为 l、半径为 $a(l \gg a)$、总匝数为 N 的螺线管，管内充满相对磁导率为 μ_r 的均匀磁介质。若线圈中载有稳恒电流 I，则管中任意一点的_____。

A. 磁感应强度大小 $B = \mu_0 \mu_r NI$ B. 磁感应强度大小 $B = \mu_r NI/l$

C. 磁场强度大小 $H = \mu_0 NI/l$ D. 磁场强度大小 $H = NI/l$

【习题精练】

17-1 磁介质有三种，用相对磁导率 μ_r 表征它们各自的特性时，_____。

A. 顺磁质 $\mu_r > 0$，抗磁质 $\mu_r < 0$，铁磁质 $\mu_r \gg 1$

B. 顺磁质 $\mu_r > 1$，抗磁质 $\mu_r = 1$，铁磁质 $\mu_r \gg 1$

C. 顺磁质 $\mu_r > 1$，抗磁质 $\mu_r < 1$，铁磁质 $\mu_r \gg 1$

D. 顺磁质 $\mu_r < 0$，抗磁质 $\mu_r < 1$，铁磁质 $\mu_r > 0$

17-2 以下说法中正确的是_____。

A. 若闭曲线 L 内没有包围传导电流，则曲线 L 上各点的 $\boldsymbol{H}$ 必等于零

B. 对于抗磁质，$\boldsymbol{B}$ 与 $\boldsymbol{H}$ 一定同向

C. $\boldsymbol{H}$ 仅与传导电流有关

D. 闭曲线 L 上各点 $\boldsymbol{H}$ 为零，则该曲线所包围的传导电流的代数和必为零

17-3 长直电缆由一个圆柱导体和一共轴圆筒状导体组成，两导体中有等值、反向、均匀的电流 I 通过，其间充满磁导率为 μ 的均匀磁介质。介质中离中心轴距离为 r 的某点处的磁场强度的大小 $H =$ _____；磁感应强度的大小 $B =$ _____。

17-4 图示为三种不同的磁介质的 B-H 关系曲线，其中虚线表示的是 $B = \mu_0 H$ 的关系。说明各代表哪一类磁介质的 B-H 关系曲线：a 代表_____的 B-H 关系曲线；b 代表_____的 B-H 关系曲线；c 代表_____的 B-H 关系曲线。

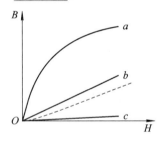

习题 17-4 图

17-5 有很大的剩余磁化强度的软磁材料不能做成永磁体，这是因为软磁材料_____；如果做成永磁体_____。

17-6 如图所示的一细螺绕环，它由表面绝缘的导线在铁环上密绕而成，每厘米绕10匝。当导线中的电流 $I = 2.0$ A 时，测得铁环内的磁感应强度的大小 $B = 1.0$ T，则可求得铁环的相对磁导率 μ_r（真空磁导率 $\mu_0 = 4\pi \times 10^{-7}$ T·m/A）=_____。

A. 7.96×10^2 B. 3.98×10^2

C. 1.99×10^2 D. 63.3

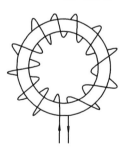

习题 17-6 图

第18章 电磁感应与电磁波

【基本要求】

(1) 掌握法拉第电磁感应定律和楞次定律，掌握感应电动势的计算。

(2) 理解动生电动势和感生电动势的本质。

(3) 了解自感系数和互感系数及其现象，掌握几何形状简单的导体的自感和互感的计算。

(4) 了解磁能密度的概念，能计算磁场中储存的场能，了解电磁场的物质性。

(5) 了解麦克斯韦方程组（积分形式）的物理意义，了解电磁波的性质。

【内容提要】

1. 电磁感应现象

电磁感应现象是电磁学中最重大的发现之一，它揭示了电与磁相互联系和转化的重要方式，丰富了人类对电磁现象本质的认识，推动了电磁学理论的发展，并且在实践上开拓了广泛的电磁学应用前景。

当穿过一个闭合导体回路所围面积内的磁通量发生变化时，回路中就有电流产生，这种现象称为电磁感应现象。导体回路中的电流称为感应电流，回路中的电动势称为感应电动势。

2. 楞次定律

闭合回路中感应电流的方向，总是使得它所激发的磁场来阻碍引起感应电流的磁通量的变化（增大或减小）。

可以使用此定律判定感应电流的方向或感应电动势的方向（如果不是导体回路，可以先假设其为导体回路，由所得感应电流的方向进而判定感应电动势的方向）。

在具体应用时要注意理解"阻碍"二字的物理意义，决不能把阻碍误认为就是阻止住了。因为楞次定律中说的感应电流的磁场总是阻碍引起感应电流的磁通量的变化。不能把楞次定律理解为"感应电流的磁场总是与原来磁场方向相反"。因为阻碍原来的磁场的变化和阻碍原来的磁场是不同的，如果原来的磁场不变化，就不会有感应电流。

3. 法拉第电磁感应定律

对于任意的闭合回路（真实或假想，导体或非导体，平面或非平面回路），当穿过回路的磁通量发生变化时，回路中就会产生感应电动势（或感应电流）。感应电动势的大小与通过该回路的磁通量的时间变化率成正比，即

$$\varepsilon_i = -\frac{d\Phi}{dt}$$

注意以下几点：

（1）不论什么原因，只要穿过回路的磁通量有变化，就会产生感应电动势，而感应电动势的大小只取决于磁通量对时间的变化率，与磁通量本身无关，亦与磁通量的变化无直接联系。

（2）式中的负号"－"是楞次定律的数学表示。

（3）对于由 N 匝相同线圈组成的回路，穿过各匝的磁通 Φ 相同，则整个回路的电动势为

$$\varepsilon_i = -\frac{d(N\Phi)}{dt} = -N\frac{d\Phi}{dt}$$

式中，$N\Phi$ 称为磁通匝链数，简称磁链。

（4）对导体闭合回路，则有感应电流：

$$I_i = \frac{\varepsilon}{R} = -\frac{1}{R}\frac{d\Phi}{dt}$$

或

$$I_i = -\frac{1}{R}\frac{d\Psi}{dt}$$

若 t_1、t_2 瞬时磁通量分别为 Φ_1、Φ_2，由电流强度 $I = dq/dt$ 可得，在 $t_2 - t_1$ 时间间隔内通过回路中任一截面上的总感应电量为

$$q_i = \int_{t_1}^{t_2} I_i\, dt = -\frac{1}{R}\int_{\Phi_1}^{\Phi_2} d\Phi = -\frac{1}{R}(\Phi_2 - \Phi_1)$$

感应电量只与磁通量的增量有关，与时间变化率无关（与改变的快慢无关）。

4. 动生电动势

由于导体在磁场中运动而产生的感应电动势称为动生电动势。动生电动势的产生是由于导体中带电粒子随导体一起在磁场中相对于观察者运动，受到洛伦兹力的结果，所以产生动生电动势的非静电力是洛伦兹力。动生电动势表示为

$$\varepsilon = \oint \boldsymbol{E} \cdot d\boldsymbol{l} = \int_a^b (\boldsymbol{v} \times \boldsymbol{B}) \cdot d\boldsymbol{l}$$

式中，b、a 为产生电动势的那段运动导体的两端。动生电动势的指向与 $\boldsymbol{v} \times \boldsymbol{B}$ 沿运动导体的分量的指向一致。在均匀磁场中，当 $\boldsymbol{v}$、$\boldsymbol{B}$ 及长为 l 的运动导体自身取向三者垂直时，$\varepsilon = Blv$，指向可由右手定则判定。

5. 感生电动势

感生电动势是由怎样的非静电力引起的呢？实验表明，感生电动势完全跟导体的种类和性质无关，这表明感生电动势仅仅是由变化的磁场本身引起的，此时非静电力不可能是洛伦兹力（$\boldsymbol{v} \times \boldsymbol{B} = 0$）。为了说明这类电磁感应现象，根据带电粒子受电磁力为 $\boldsymbol{F} = q(\boldsymbol{E} + \boldsymbol{v} \times \boldsymbol{B})$，麦克斯韦提出：变化的磁场在其周围空间激发一种新的电场，这种电场称为感生电场或有旋电场。这种电场对电荷也有力的作用。

若感生电场用 $\boldsymbol{E}_k$ 来表示，则沿任意闭合回路的感生电动势为

$$\varepsilon_i = \oint_l \boldsymbol{E}_k \cdot d\boldsymbol{l} = -\frac{d\Phi}{dt}$$

由于磁通量为 $\Phi = \oint_S \boldsymbol{B} \cdot d\boldsymbol{S}$，所以上式可写为

$$\varepsilon_i = \oint_l \boldsymbol{E}_k \cdot \mathrm{d}\boldsymbol{l} = -\frac{\mathrm{d}}{\mathrm{d}t} \int_S \boldsymbol{B} \cdot \mathrm{d}\boldsymbol{S}$$

感生电场和静电场是两种性质截然不同的电场。它们的共同点是都对电荷有作用力。不同之处表现在：静电场由电荷激发，是有源无旋场，可以引入电势来描述。感生电场 $\boldsymbol{E}_k$ 由变化的磁场激发，其环流不为零，说明是无源有旋场，其电场线是闭合曲线，无法引入相应的标量势函数。

6. 自感

当一个线圈中的电流发生变化时，穿过线圈自身的磁通量也随之变化，从而在此线圈中会产生感应电动势，这种现象称为自感现象，这种电动势称为自感电动势，用 ε_L 表示。

自感系数定义为

$$L = \frac{\Psi}{I}$$

由法拉第电磁感应定律给出自感电动势为

$$\varepsilon_L = -L\frac{\mathrm{d}I}{\mathrm{d}t} \quad (L\text{ 一定时})$$

自感系数的单位为亨利(H)。

自感系数 L 与线圈的大小、几何形状、匝数以及周围的介质有关，与是否通有电流无关(当线圈周围空间存在铁磁质时，自感还依赖于线圈中的电流)。它是回路"电磁惯性"大小的量度。

7. 互感

当一个线圈中的电流发生变化时，会在它附近的另一个线圈中产生感应电动势，这称为互感现象，这种电动势称为互感电动势，用 ε_M 表示。

$$\varepsilon_{M1} = -\frac{\mathrm{d}\Psi_{12}}{\mathrm{d}t} = -M\frac{\mathrm{d}I_2}{\mathrm{d}t}$$

$$\varepsilon_{M2} = -\frac{\mathrm{d}\Psi_{21}}{\mathrm{d}t} = -M\frac{\mathrm{d}I_1}{\mathrm{d}t}$$

式中，M 是表示两线圈间互感强弱的物理量，称为互感系数。

$$M = \frac{\Psi_{21}}{I_1} = \frac{\Psi_{12}}{I_2}$$

互感系数 M 由线圈的几何形状、大小、匝数、相对位置以及它们周围所存在的磁介质的特性等决定。

8. 磁场的能量

线圈与电源接通，线圈中的电流由零增大到稳定值 I。在这个过程中，电源提供了克服自感电动势而作功的能量，电源消耗的能量转化为磁能储存在线圈中，称为自感磁能。

一个自感系数为 L 的线圈，当电流为 I 时储存的磁场能量为

$$W_L = \frac{1}{2}LI^2$$

磁场的能量可以用描述磁场本身的量 B 和 H 来描述。

磁场能量密度即单位体积中的磁场能量为

$$w_m = \frac{1}{2}\mu H^2 = \frac{1}{2}BH$$

磁场总能量为

$$W_m = \int w_m \, dV = \frac{1}{2} \iiint \boldsymbol{B} \cdot \boldsymbol{H} \, dV$$

9. 麦克斯韦方程组

在真空中，存在以下关系：

$\oint_S \boldsymbol{E} \cdot d\boldsymbol{S} = q/\varepsilon_0$：最基本的电场和场源的关系。

$\oint_L \boldsymbol{E} \cdot d\boldsymbol{l} = -\iint \dfrac{\partial \boldsymbol{B}}{\partial t} \cdot d\boldsymbol{S}$：法拉第电磁感应定律，说明变化的磁场产生电场。在磁场不改变的情况下，此式给出静电场的环路定理。

$\oint_S \boldsymbol{B} \cdot d\boldsymbol{S} = 0$：磁场的高斯定理。

$\oint_L \boldsymbol{B} \cdot d\boldsymbol{l} = \mu_0 \iint_S \left(\boldsymbol{J}_c + \dfrac{\partial \boldsymbol{E}}{\partial t} \right) \cdot d\boldsymbol{S}$：普遍的安培环路定理，说明磁场由运动电荷或变化的电场产生。

10. 电磁波的性质

（1）电磁波是横波，电场 $\boldsymbol{E}$ 和磁场 $\boldsymbol{H}$ 互相垂直，且均与传播方向垂直。

（2）电场 $\boldsymbol{E}$ 和磁场 $\boldsymbol{H}$ 的变化同相位，振幅成比例，其量值关系为 $\sqrt{\varepsilon} E = \sqrt{\mu} H$。

（3）电磁波的传播速度为 $u = \dfrac{1}{\sqrt{\varepsilon \mu}}$，真空中的传播速度为 $c = \dfrac{1}{\sqrt{\varepsilon_0 \mu_0}} \approx 3.0 \times 10^8$ m/s。

（4）电磁波在传播中可以无需介质，一段电磁波可以脱离振源而存在。

（5）电磁波的传播过程也是能量的传播过程。

11. 电磁波的能量

电磁场具有能量，随着电磁波的传播，就有能量在空间传播。

电磁场的能量密度为

$$w = \frac{1}{2} (\boldsymbol{E} \cdot \boldsymbol{D} + \boldsymbol{H} \cdot \boldsymbol{B})$$

能流密度称为坡印廷矢量，即

$$\boldsymbol{S} = \boldsymbol{E} \times \boldsymbol{H}$$

12. 电磁波谱

按照电磁波的频率 ν 及其在真空中的波长 λ 的顺序，把各种电磁波排列起来，称为电磁波谱。

不同频率（或波长）范围的电磁波具有不同的物理特性。它包括以下一些频段（或波段），其大致的频率范围如下：

工业电和无线电波：$(10 \sim 10^9)$ Hz

微波：$(10^9 \sim 3 \times 10^{11})$ Hz

红外线：$(3 \times 10^{11} \sim 4 \times 10^{14})$ Hz

可见光：$(3.84 \times 10^{14} \sim 7.69 \times 10^{14})$ Hz

紫外线：$(8 \times 10^{14} \sim 3 \times 10^{17})$ Hz

X 射线：$(3 \times 10^{17} \sim 5 \times 10^{19})$ Hz

γ 射线：$(10^{18} \sim 10^{22})\,\mathrm{Hz}$

【例题精讲】

例 18 - 1　如图所示，一载流螺线管的旁边有一圆形线圈，欲使线圈产生图示方向的感应电流 i，下列情况中_____可以做到。

A. 载流螺线管向线圈靠近　　　　B. 载流螺线管离开线圈
C. 载流螺线管中电流增大　　　　D. 载流螺线管中插入铁心

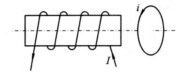

例 18 - 1 图

例 18 - 2　如图所示，一电荷线密度为 λ 的长直带电线（与一正方形线圈共面并与其一对边平行）以变速率 $v = v(t)$ 沿着其长度方向运动，正方形线圈中的总电阻为 R，求 t 时刻方形线圈中感应电流 $i(t)$ 的大小（不计线圈自身的自感）。

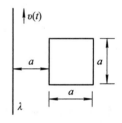

例 18 - 2 图

【解】　长直带电线运动相当于电流 $I = v(t) \cdot \lambda$。

正方形线圈内的磁通量为

$$\mathrm{d}\Phi = \frac{\mu_0}{2\pi} \cdot \frac{I}{a+x} a \, \mathrm{d}x$$

$$\Phi = \frac{\mu_0}{2\pi} Ia \int_0^a \frac{\mathrm{d}x}{a+x} = \frac{\mu_0}{2\pi} Ia \cdot \ln 2$$

$$|\varepsilon_i| = \left| -\frac{\mathrm{d}\Phi}{\mathrm{d}t} \right| = \frac{\mu_0 a}{2\pi} \left| \frac{\mathrm{d}I}{\mathrm{d}t} \right| \ln 2 = \frac{\mu_0}{2\pi} \lambda a \left| \frac{\mathrm{d}v(t)}{\mathrm{d}t} \right| \ln 2$$

$$|i(t)| = \frac{|\varepsilon_i|}{R} = \frac{\mu_0}{2\pi R} \lambda a \left| \frac{\mathrm{d}v(t)}{\mathrm{d}t} \right| \ln 2$$

例 18 - 3　电荷 Q 均匀分布在半径为 a、长为 L $(L \gg a)$ 的绝缘薄壁长圆筒表面上，圆筒以角速度 ω 绕中心轴线旋转，一半径为 $2a$、电阻为 R 的单匝圆形线圈套在圆筒上（如图所示）。若圆筒转速按照 $\omega = \omega_0(1 - t/t_0)$ 的规律（ω_0 和 t_0 是已知常数）随时间线性地减小，求圆形线圈中感应电流的大小和流向。

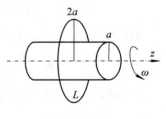

例 18 - 3 图

【解】　筒以 ω 旋转时，相当于表面单位长度上有环形电流 $\dfrac{Q}{L} \cdot \dfrac{\omega}{2\pi}$，它和通有电流的螺线管的 nI 等效。

按长螺线管产生磁场的公式，筒内均匀磁场磁感应强度为

$$B = \frac{\mu_0 Q \omega}{2\pi L} \quad \text{（方向沿筒的轴向）}$$

因为筒外磁场为零，故穿过线圈的磁通量为

$$\Phi = \pi a^2 B = \frac{\mu_0 Q\omega a^2}{2L}$$

在单匝线圈中产生的感生电动势为

$$\varepsilon = -\frac{\mathrm{d}\Phi}{\mathrm{d}t} = \frac{\mu_0 Q a^2}{2L}\left(-\frac{\mathrm{d}\omega}{\mathrm{d}t}\right) = \frac{\mu_0 Q a^2 \omega_0}{2Lt_0}$$

感应电流 i 为

$$i = \frac{\varepsilon}{R} = \frac{\mu_0 Q a^2 \omega_0}{2RLt_0} \quad (i\ \text{的流向与圆筒转向一致})$$

例 18-4 如图所示，一段长度为 l 的直导线 MN，水平放置在载电流为 I 的竖直长导线旁与竖直导线共面，并从静止由图示位置自由下落，则 t 秒末导线两端的电势差 $U_M - U_N = $ _____；_____点电势高。

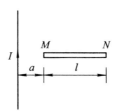

例 18-4 图

例 18-5 一内外半径分别为 R_1、R_2 的均匀带电平面圆环，电荷面密度为 σ，其中心有一半径为 r 的导体小环 $(R_1 \gg r)$，二者同心共面如图所示。设带电圆环以变角速度 $\omega = \omega(t)$ 绕垂直于环面的中心轴旋转，导体小环中的感应电流 i 等于多少？方向如何？（已知小环的电阻为 R'。）

【解】 带电平面圆环的旋转相当于圆环中通有电流 I。在 R_1 与 R_2 之间取半径为 R、宽度为 $\mathrm{d}R$ 的环带，环带内有电流 $\mathrm{d}I = \sigma R\omega(t)\mathrm{d}R$。

$\mathrm{d}I$ 在圆心 O 点处产生的磁场为

$$\mathrm{d}B = \frac{1}{2}\mu_0\,\mathrm{d}I/R = \frac{1}{2}\mu_0\sigma\omega(t)\mathrm{d}R$$

在中心产生的磁感应强度大小为

$$B = \frac{1}{2}\mu_0\sigma\omega(t)(R_2 - R_1)$$

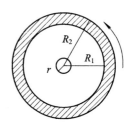

例 18-5 图

选逆时针方向为小环回路的正方向，则小环中的磁通量为

$$\Phi \approx \frac{1}{2}\mu_0\sigma\omega(t)(R_2 - R_1)\pi r^2$$

电动势为

$$\varepsilon_i = -\frac{\mathrm{d}\Phi}{\mathrm{d}t} = -\frac{\mu_0}{2}\pi r^2(R_2 - R_1)\sigma\frac{\mathrm{d}\omega(t)}{\mathrm{d}t}$$

感应电流为

$$i = \frac{\varepsilon_i}{R'} = -\frac{\mu_0\pi r^2(R_2 - R_1)\sigma}{2R'}\cdot\frac{\mathrm{d}\omega(t)}{\mathrm{d}t}$$

当 $\mathrm{d}\omega(t)/\mathrm{d}t > 0$ 时，i 与选定的正方向相反；否则 i 与选定的正方向相同。

例 18−6　求长度为 L 的金属杆在均匀磁场 $\boldsymbol{B}$ 中绕平行于磁场方向的定轴 OO' 转动时的动生电动势。已知杆相对于均匀磁场 $\boldsymbol{B}$ 的方位角为 θ，杆的角速度为 ω，转向如图所示。

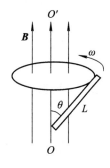

【解】　在距 O 点为 l 处的 $\mathrm{d}l$ 线元中的动生电动势为

$$\mathrm{d}\varepsilon = (\boldsymbol{v} \times \boldsymbol{B}) \cdot \mathrm{d}\boldsymbol{l}$$

$$v = \omega l \sin\theta$$

所以　$\varepsilon = \displaystyle\int_L (\boldsymbol{v} \times \boldsymbol{B}) \cdot \mathrm{d}\boldsymbol{l} = \int_L vB \sin\left(\frac{1}{2}\pi\right)\cos\alpha\,\mathrm{d}l$

$$= \int_L \omega lB \sin\theta\,\mathrm{d}l \sin\theta = \omega B \sin^2\theta \int_0^L l\,\mathrm{d}l$$

$$= \frac{1}{2}\omega BL^2 \sin^2\theta$$

例 18−6 图

ε 的方向沿着杆指向上端。

例 18−7　在感应电场中电磁感应定律可写成 $\displaystyle\oint_L \boldsymbol{E}_k \cdot \mathrm{d}\boldsymbol{l} = -\frac{\mathrm{d}\Phi}{\mathrm{d}t}$，式中 $\boldsymbol{E}_k$ 为感应电场的电场强度。此式表明_____。

A. 闭合曲线 L 上 $\boldsymbol{E}_k$ 处处相等

B. 感应电场是保守力场

C. 感应电场的电力线不是闭合曲线

D. 不能像对静电场那样引入电势的概念

例 18−8　在圆柱形空间内有一磁感应强度为 $\boldsymbol{B}$ 的均匀磁场，如图所示。$\boldsymbol{B}$ 的大小以速率 $\mathrm{d}B/\mathrm{d}t$ 变化。在磁场中有 A、B 两点，其间可放直导线 AB 和弯曲的导线 ACB，则_____。

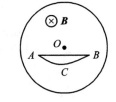

A. 电动势只在直导线 AB 中产生

B. 电动势只在弯曲导线 ACB 中产生

C. 电动势在直导线和弯曲的导线中都产生，且两者大小相等

例 18−8 图

D. 直导线 AB 中的电动势小于弯曲的导线 ACB 中的电动势

例 18−9　两根平行无限长直导线相距为 d，载有大小相等、方向相反的电流 I，电流变化率 $\mathrm{d}I/\mathrm{d}t = \alpha > 0$。一个边长为 d 的正方形线圈位于导线平面内与一根导线相距 d，如图所示。求线圈中的感应电动势 ε，并说明线圈中的感应电动势的方向。

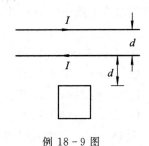

【解】　无限长载流直导线在与其相距为 r 处产生的磁感应强度为

例 18−9 图

$$B = \frac{\mu_0 I}{2\pi r}$$

以顺时针为线圈回路的正方向，与线圈相距较远和较近的导线在线圈中产生的磁通量为

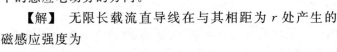

$$\Phi_1 = \int_{2d}^{3d} d \cdot \frac{\mu_0 I}{2\pi r} dr = \frac{\mu_0 I d}{2\pi} \ln \frac{3}{2}$$

$$\Phi_2 = \int_{d}^{2d} -d \cdot \frac{\mu_0 I}{2\pi r} dr = -\frac{\mu_0 I d}{2\pi} \ln 2$$

总磁通量为

$$\Phi = \Phi_1 + \Phi_2 = -\frac{\mu_0 I d}{2\pi} \ln \frac{4}{3}$$

感应电动势为

$$\varepsilon = -\frac{d\Phi}{dt} = \frac{\mu_0 d}{2\pi} \left(\ln \frac{4}{3} \right) \frac{dI}{dt} = \frac{\mu_0 d}{2\pi} \alpha \ln \frac{4}{3}$$

由于 $\varepsilon > 0$，所以 ε 的绕向为顺时针方向，线圈中的感应电流亦是顺时针方向。

例 18-10 对于单匝线圈取自感系数的定义式为 $L = \Phi / I$。当线圈的几何形状、大小及周围磁介质分布不变，且无铁磁性物质时，若线圈中的电流强度变小，则线圈的自感系数 L _____。

A. 变大，与电流成反比关系　　　　B. 变小

C. 不变　　　　D. 变大，但与电流不成反比关系

例 18-11 在一个塑料圆筒上紧密地绕有两个完全相同的线圈 aa' 和 bb'，当线圈 aa' 和 bb' 绕制如图(a)时其互感系数为 M_1，如图(b)绕制时其互感系数为 M_2，M_1 与 M_2 的关系是 _____。

A. $M_1 = M_2 \neq 0$　　　　B. $M_1 = M_2 = 0$

C. $M_1 \neq M_2$，$M_2 = 0$　　　　D. $M_1 \neq M_2$，$M_2 \neq 0$

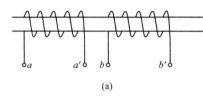 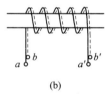

例 18-11 图

例 18-12 有两个长直密绕螺线管，长度及线圈匝数均相同，半径分别为 r_1 和 r_2。管内充满均匀介质，其磁导率分别为 μ_1 和 μ_2。设 $r_1 : r_2 = 1 : 2$，$\mu_1 : \mu_2 = 2 : 1$，当将两只螺线管串联在电路中通电稳定后，其自感系数之比 $L_1 : L_2$ 与磁能之比 $W_{m1} : W_{m2}$ 分别为 _____。

A. $L_1 : L_2 = 1 : 1$，$W_{m1} : W_{m2} = 1 : 1$

B. $L_1 : L_2 = 1 : 2$，$W_{m1} : W_{m2} = 1 : 1$

C. $L_1 : L_2 = 1 : 2$，$W_{m1} : W_{m2} = 1 : 2$

D. $L_1 : L_2 = 2 : 1$，$W_{m1} : W_{m2} = 2 : 1$

例 18-13 空间有限的区域内存在随时间变化的磁场，所产生的感生电场场强为 $\boldsymbol{E}_i$，在不包含磁场的空间区域中分别取闭合曲面 S、闭合曲线 l，则 _____。

A. $\oiint_S \boldsymbol{E}_i \cdot d\boldsymbol{S} = 0$，$\oint_l \boldsymbol{E}_i \cdot d\boldsymbol{l} = 0$

B. $\oiint_S \boldsymbol{E}_i \cdot d\boldsymbol{S} = 0$，$\oint_l \boldsymbol{E}_i \cdot d\boldsymbol{l} \neq 0$

C. $\oiint_s \boldsymbol{E}_i \cdot \mathrm{d}\boldsymbol{S} \neq 0, \oint_l \boldsymbol{E}_i \cdot \mathrm{d}\boldsymbol{l} = 0$

D. $\oiint_s \boldsymbol{E}_i \cdot \mathrm{d}\boldsymbol{S} \neq 0, \oint_l \boldsymbol{E}_i \cdot \mathrm{d}\boldsymbol{l} \neq 0$

例 18-14 电磁波在自由空间传播时,电场强度 $\boldsymbol{E}$ 和磁场强度 $\boldsymbol{H}$ _____。

A. 方向在垂直于传播方向的同一直线上

B. 朝互相垂直的两个方向传播

C. 方向互相垂直,且都垂直于传播方向

D. 相位差为 $\pi/2$

例 18-15 由于 $\boldsymbol{E}$ 和 $\boldsymbol{H}$ 的振动方向都与电磁波的传播方向_____,所以电磁波是_____波。任一时刻 $\boldsymbol{E}$ 和 $\boldsymbol{H}$ 的振动相位_____(相同,不同),它们_____达到最大值或零(同时,不同时)。

【习题精练】

18-1 将形状完全相同的铜环和木环静止放置,并使通过两环面的磁通量随时间的变化率相等,则不计自感时_____。

A. 铜环中有感应电动势,木环中无感应电动势

B. 铜环中感应电动势大,木环中感应电动势小

C. 铜环中感应电动势小,木环中感应电动势大

D. 两环中感应电动势相等

18-2 在一通有电流 I 的无限长直导线所在平面内,有一半径为 r、电阻为 R 的导线小环,环中心距直导线为 a,如图所示,且 $a \gg r$。当直导线的电流被切断后,沿着导线环流过的电荷约为_____。

A. $\dfrac{\mu_0 I r^2}{2\pi R}\left(\dfrac{1}{a} - \dfrac{1}{a+r}\right)$

B. $\dfrac{\mu_0 I r}{2\pi R}\ln\dfrac{a+r}{a}$

C. $\dfrac{\mu_0 I r^2}{2aR}$

D. $\dfrac{\mu_0 I a^2}{2rR}$

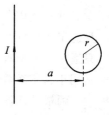

习题 18-2 图

18-3 如图所示,在一长直密绕的螺线管中间放一正方形小线圈,若螺线管长 1 m,绕了 1000 匝,通以电流 $I = 10\cos 100\pi t$(SI),正方形小线圈每边长 5 cm,共 100 匝,电阻为 1 Ω,求线圈中感应电流的最大值(正方形线圈的法线方向与螺线管的轴线方向一致,$\mu_0 = 4\pi \times 10^{-7}$ T·m/A)。

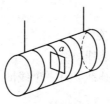

习题 18-3 图

18-4 如图所示，在一长直导线 L 中通有电流 I，$ABCD$ 为一矩形线圈，它与 L 皆在纸面内，且 AB 边与 L 平行。矩形线圈在纸面内向右移动时，线圈中感应电动势的方向为_____；矩形线圈绕 AD 边旋转，当 BC 边已离开纸面正向外运动时，线圈中感应电动势的方向为_____。

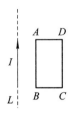

习题 18-4 图

18-5 两相互平行无限长的直导线载有大小相等、方向相反的电流，长度为 b 的金属杆 CD 与两导线共面且垂直，相对位置如图所示。CD 杆以速度 v 平行于直线电流运动，求 CD 杆中的感应电动势，并判断 C、D 两端哪端电势较高。

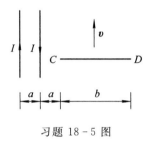

习题 18-5 图

18-6 用线圈的自感系数 L 来表示载流线圈磁场能量的公式 $W_{\mathrm{m}}=\dfrac{1}{2}LI^2$，_____。

A. 只适用于无限长密绕螺线管

B. 只适用于单匝圆线圈

C. 只适用于一个匝数很多，且密绕的螺绕环

D. 适用于自感系数 L 一定的任意线圈

18-7 两根平行长直导线，横截面的半径都是 a，中心线相距 d，属于同一回路。设两导线内部的磁通都略去不计，证明：这样一对导线单位长的自感系数为

$$L = \frac{\mu_0}{\pi}\ln\frac{d-a}{a}$$

18-8 一自感线圈中，电流强度在 0.002 s 内均匀地由 10 A 增加到 12 A，此过程中线圈内自感电动势为 400 V，则线圈的自感系数为_____；线圈末态储存的能量为_____。

18-9 两个通有电流的平面圆线圈相距不远，如果要使其互感系数近似为零，则应调整线圈的取向使_____。

A. 两线圈平面都平行于两圆心连线

B. 两线圈平面都垂直于两圆心连线

C. 一个线圈平面平行于两圆心连线，另一个线圈平面垂直于两圆心连线

D. 两线圈中电流方向相反

18-10 空中两根很长的相距为 $2a$ 的平行直导线与电源组成闭合回路，如图所示。已

知导线中的电流为 I，则在两导线正中间某点 P 处的磁能密度为_____。

A. $\dfrac{1}{\mu_0}\left(\dfrac{\mu_0 I}{2\pi a}\right)^2$　　　　　　　　B. $\dfrac{1}{2\mu_0}\left(\dfrac{\mu_0 I}{2\pi a}\right)^2$

C. $\dfrac{1}{2\mu_0}\left(\dfrac{\mu_0 I}{\pi a}\right)^2$　　　　　　　　D. 0

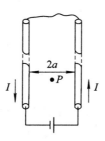

习题 18-10 图

18-11　一无限长直导线，截面各处的电流密度相等，总电流为 I。证明：每单位长度导线内所储藏的磁能为 $\dfrac{\mu_0 I^2}{16\pi}$。

18-12　试证明：平面电磁波的电场能量的密度与磁场能量的密度相等。

18-13　一同轴电缆，内外导体间充满了相对介电常数 $\varepsilon_r = 2.25$，相对磁导率 $\mu_r = 1$ 的介质（聚乙烯），电缆损耗可以忽略不计。信号在此电缆中传播的速度为_____。

18-14　坡印廷矢量的物理意义是_____；其定义式是_____。

第19章 光的干涉

【基本要求】

(1) 理解光的产生机制、相干光、干涉条件和光程概念。

(2) 掌握杨氏双缝干涉的明暗纹条件，并能计算相应的具体问题。

(3) 掌握薄膜干涉，并能计算相应的具体问题。

【内容提要】

1. 相干光

不是任何两列波相叠加都发生干涉现象，要发生干涉现象必须满足如下三条：① 振动方向相同；② 频率相同；③ 相位差恒定。满足该条件的波叫相干波，对于光波则称为相干光。

利用普通光源获得相干光的方法：分波阵面法和分振幅法。

2. 杨氏双缝干涉实验

杨氏双缝干涉实验最早利用单一光源形成两束相干光，其结果对人们认识光的波动性很有启发性。该实验采用的是分波阵面法，其干涉条纹是等宽等间距的直条纹。

干涉明暗条纹的条件：

相长干涉：

$$d\sin\theta = \pm k\lambda$$

式中，$k=0,1,2,\cdots$称为明条纹的级次。$k=0$时的明条纹称为中央明纹或零级明纹，$k=1,2,\cdots$时的明条纹分别称为1,2,$\cdots$级明纹。

相消干涉：

$$d\sin\theta = \pm(2k-1)\frac{\lambda}{2}$$

式中，$k=1,2,3,\cdots$时的暗条纹称为k级暗纹。

相邻两明纹或暗纹间的距离为

$$\Delta x = \frac{D}{d}\lambda$$

式中，d是两点光源之间的距离，D是双缝与干涉屏间的距离。

3. 光程

光程是一个折合量，可理解为在相同时间内光线在真空中传播的距离。在传播时间相同或相位改变相同的条件下，把光在介质中传播的路程折合为光在真空中传播的相应路程。在数值上，光程等于介质折射率乘以光在介质中传播的路程。例如，在折射率为 n 的介质中，光行进一距离 d，光程即为乘积 nd。由 n 的物理意义可知，光在该介质中行经距离 d 所需的时间，与光在真空中行经 nd 距离所需的时间相等。这是因为，介质的折射率等于真空中的光速和介质中的光速之比，所以光程也就是在相同的时间内光在真空中通过的路程。

光程差是指光线在通过不同介质之后，两段光线光程之间的差值。光程差与光的波长有着一定的关系。在均匀介质中，光程可认为是在相等时间内光在真空中的路程：当 $n=1$，即光在真空中传播时，光程为其几何路径 r 的长度。但应注意的是透镜不引起附加光程差。

$$光程 = n(折射率) \times r(路程)$$

$$相位差 = \frac{2\pi}{\lambda} \times 光程差 \quad （\lambda 为真空中的波长）$$

光从光疏介质射向光密介质时的反射过程中，如果反射光在离开反射点时的振动方向相对于入射光到达入射点时的振动方向恰好相反，这种现象就叫做半波损失。

从波动理论可知，波的振动方向相反相当于波多走（或少走）了半个波长的光程。入射光在光疏介质中前进，遇到光密介质界面时，在掠射或垂直入射两种情况下，在反射过程中产生半波损失。如果入射光在光密介质中前进，遇到光疏介质的界面时，不产生半波损失。

光的干涉现象是有关光的现象中很重要的一部分，而只要涉及到光的干涉现象，半波损失就是一个不得不考虑的问题。

4. 薄膜干涉

薄膜干涉为分振幅干涉，它又可以分成等倾干涉和等厚干涉。一条干涉条纹是由一组入射角（即倾角）相同的平行光产生的，这种干涉称为等倾干涉，如平行薄膜。当一组平行光以一定的倾角投射到厚度不均匀的薄膜上时，在那些厚度相同的位置处，反射光和折射光有相同的相位差，它们构成同一条干涉条纹，这种干涉称为等厚干涉，如劈尖、牛顿环。

用平行光垂直照射时，薄膜干涉的条件如下：

相长干涉：

$$2n_c h\left(\pm \frac{\lambda}{2}\right) = k\lambda \qquad k = 1, 2, 3\cdots$$

相消干涉：

$$2n_c h\left(\pm \frac{\lambda}{2}\right) = (2k-1)\frac{\lambda}{2} \qquad k = 1, 2, 3, \cdots$$

式中，n_c 和 h 分别为薄膜的折射率和厚度。

5. 劈尖

将两块折射率为 n_1 的平板玻璃一端支起，板间就形成了厚度均匀增加的空气劈尖。假设空气的折射率为 n，则当单色光垂直于水平放置的劈尖时，其中下表面的反射过程有半波损失，因此，光线在劈尖上表面相遇时的光程差为

$$\Delta = 2ne + \frac{1}{2}\lambda = \begin{cases} k\lambda & k = 1, 2, \cdots \quad 明条纹 \\ (2k+1)\frac{\lambda}{2} & k = 0, 1, 2, \cdots \quad 暗条纹 \end{cases}$$

6. 牛顿环

一块曲率半径很大的平凸透镜与一平板玻璃相接触，构成一个上表面为球面、下表面为平面的空气劈尖。当单色光垂直射向空气劈尖时，形成的干涉条纹是明暗相间的同心圆环。因其最早是被牛顿观察到的，故称牛顿环。

反射光的干涉条件如下：

$$\Delta = 2ne + \frac{1}{2}\lambda = \begin{cases} k\lambda \quad k = 1, 2, \cdots \quad \text{明条纹} \\ (2k+1)\dfrac{\lambda}{2} \quad k = 0, 1, 2, \cdots \quad \text{暗条纹} \end{cases}$$

第 k 级明、暗环的半径为

$$r_k = \begin{cases} \sqrt{\left(k - \dfrac{1}{2}\right) R\lambda / n} \quad k = 1, 2, \cdots \quad \text{明环半径} \\ \sqrt{kR\lambda / n} \quad k = 0, 1, 2, \cdots \quad \text{暗环半径} \end{cases}$$

【例题精讲】

例 19-1 用白光光源进行双缝实验，若用一个纯红色的滤光片遮盖一条缝，用一个纯蓝色的滤光片遮盖另一条缝，则_____。

A. 干涉条纹的宽度将发生改变

B. 产生红光和蓝光的两套彩色干涉条纹

C. 干涉条纹的亮度将发生改变

D. 不产生干涉条纹

例 19-2 在双缝干涉实验中，若单色光源 S 到两缝 S_1、S_2 的距离相等，则观察屏上中央明条纹位于图中 O 处。现将光源 S 向下移动到示意图中的 S' 位置，则_____。

A. 中央明条纹也向下移动，且条纹间距不变

B. 中央明条纹向上移动，且条纹间距不变

C. 中央明条纹向下移动，且条纹间距增大

D. 中央明条纹向上移动，且条纹间距增大

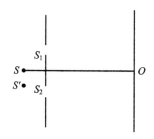

例 19-2 图

例 19-3 如图所示，在双缝干涉实验中 $\overline{SS_1} = \overline{SS_2}$，用波长为 λ 的光照射双缝 S_1 和 S_2，通过空气后在屏幕 E 上形成干涉条纹。已知 P 点处为第三级明条纹，则 S_1 和 S_2 到 P 点的光程差为_____。若将整个装置放于某种透明液体中，P 点为第四级明条纹，则该液体的折射率 $n=$_____。

例 19-4 若一双缝装置的两个缝分别被折射率为 n_1 和 n_2 的两块厚度均为 e 的透明介质所遮盖，此时由双缝分别到屏上原中央极大所在处的两束光的光程差 $\delta=$_____。

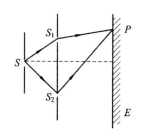

例 19-3 图

例 19-5 如图所示，假设有两个同相的相干点光源 S_1 和 S_2，发出波长为 λ 的光，A 是它们连线的中垂线上的一点。若在 S_1 与 A 之间插入厚度为 e、折射率为 n 的薄玻璃片，则两光源发出的光在 A 点的相位差 $\Delta\varphi=$_____；若已知 $\lambda=500$ nm，$n=1.5$，A 点恰为第四级明纹中心，则 $e=$_____nm。

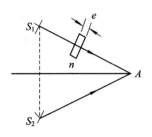

例 19-5 图

例 19-6 一束波长为 λ 的单色光由空气垂直入射到折射率为 n 的透明薄膜上,透明薄膜放在空气中,要使反射光得到干涉加强,则薄膜的最小厚度为_____。

A. $\dfrac{\lambda}{4}$ B. $\dfrac{\lambda}{4n}$ C. $\dfrac{\lambda}{2}$ D. $\dfrac{\lambda}{2n}$

例 19-7 单色平行光垂直照射在薄膜上,经上下两表面反射的两束光发生干涉,如图所示,若薄膜的厚度为 e,且 $n_1 < n_2 > n_3$,λ 为入射光在 n_1 中的波长,则两束反射光的光程差为_____。

A. $2n_2 e$

B. $2n_2 e - \dfrac{\lambda}{2}$

C. $2n_2 e - \lambda$

D. $2n_2 e - \dfrac{\lambda}{2n_2}$

例 19-7 图

例 19-8 用劈尖干涉法可检测工件表面缺陷,当波长为 λ 的单色平行光垂直入射时,若观察到的干涉条纹如图所示,每一条纹弯曲部分的顶点恰好与其左边条纹的直线部分的连线相切,则工件表面与条纹弯曲处对应的部分_____。

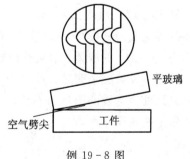

例 19-8 图

A. 凸起,且高度为 $\lambda/4$

B. 凸起,且高度为 $\lambda/2$

C. 凹陷,且深度为 $\lambda/2$

D. 凹陷,且深度为 $\lambda/4$

例 19-9 两块平玻璃构成空气劈形膜,左边为棱边,用单色平行光垂直入射。若上面的平玻璃以棱边为轴,沿逆时针方向作微小转动,则干涉条纹的_____。

A. 间隔变小,并向棱边方向平移

B. 间隔变大,并向远离棱边方向平移

C. 间隔不变,并向棱边方向平移

D. 间隔变小,并向远离棱边方向平移

例 19-10 如图所示，用单色光垂直照射在观察牛顿环的装置上。当平凸透镜垂直向上缓慢平移而远离平面玻璃时，可以观察到这些环状干涉条纹_____。

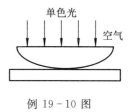

例 19-10 图

A. 向右平移

B. 向中心收缩

C. 向外扩张

D. 静止不动

例 19-11 图示一牛顿环装置，设平凸透镜中心恰好和平玻璃接触，透镜凸表面的曲率半径是 $R=400$ cm。用某单色平行光垂直入射，观察反射光形成的牛顿环，测得第 5 个明环的半径是 0.30 cm。

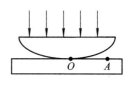

例 19-11 图

(1) 求入射光的波长。

(2) 设图中 $OA=1.00$ cm，求在半径为 OA 的范围内可观察到的明环数目。

【解】（1）明环半径为

$$r = \sqrt{\left(k - \frac{1}{2}\right)R\lambda}$$

入射光的波长为

$$\lambda = \frac{2r^2}{(2k-1)R} = 5 \times 10^{-5}\ \text{cm} = 500\ \text{nm}$$

(2)
$$(2k-1) = \frac{2r^2}{R\lambda}$$

对于 $r=1.00$ cm，有

$$k = \frac{r^2}{R\lambda} + 0.5 = 50.5$$

故在 OA 范围内可观察到的明环数目为 50 个。

例 19-12 用波长 $\lambda=500$ nm（1 nm$=10^{-9}$ m）的单色光垂直照射在由两块玻璃板（一端刚好接触成为劈棱）构成的空气劈形膜上，劈尖角 $\theta=2\times10^{-4}$ rad。如果劈形膜内充满折射率为 $n=1.40$ 的液体，求从劈棱数起第五个明条纹在充入液体前后移动的距离。

【解】 设第五个明纹处膜厚为 e，则有 $2ne + \lambda/2 = 5\lambda$。

设该处至劈棱的距离为 l，则有近似关系 $e = l\theta$。

由上两式得

$$2nl\theta = \frac{9\lambda}{2}, \quad l = \frac{9\lambda}{4n\theta}$$

充入液体前第五个明纹位置为

$$l_1 = \frac{9\lambda}{4\theta}$$

充入液体后第五个明纹位置为

$$l_2 = \frac{9\lambda}{4n\theta}$$

充入液体前后第五个明纹移动的距离为

$$\Delta l = l_1 - l_2 = \frac{9\lambda(1 - 1/n)}{4\theta} = 1.61 \text{ mm}$$

【习题精练】

19-1 如图所示,在双缝干涉实验中,若把一厚度为 e、折射率为 n 的薄云母片覆盖在 S_1 缝上,中央明条纹将向_____移动;覆盖云母片后,两束相干光至原中央明纹 O 处的光程差为_____。

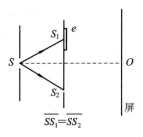

习题 19-1 图

19-2 一束波长为 λ 的单色光由空气垂直入射到折射率为 n 的透明薄膜上,透明薄膜放在空气中,要使反射光得到干涉加强,则薄膜最小的厚度为_____。

A. $\lambda/4$ B. $\lambda/(4n)$ C. $\lambda/2$ D. $\lambda/(2n)$

19-3 若把牛顿环装置(都是用折射率为 1.52 的玻璃制成的)由空气搬入折射率为 1.33 的水中,则干涉条纹_____。

A. 中心暗斑变成亮斑   B. 变疏

C. 变密   D. 间距不变

19-4 如图所示,薄钢片上有两条紧靠的平行细缝,用波长 $\lambda = 546.1$ nm(1 nm $= 10^{-9}$ m)的平面光波正入射到钢片上。屏幕距双缝的距离为 $D = 2.00$ m,测得中央明条纹两侧的第五级明条纹间的距离为 $\Delta x = 12.0$ mm。

(1) 求两缝间的距离。

(2) 从任一明条纹(记作 0)向一边数到第 20 条明条纹,共经过多长距离?

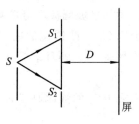

习题 19-4 图

19-5 在双缝干涉实验中,波长 $\lambda = 550$ nm 的单色平行光垂直入射到缝间距 $d = 2 \times 10^{-4}$ m 的双缝上,屏到双缝的距离 $D = 2$ m,求:

(1) 中央明纹两侧的两条第 10 级明纹中心的间距。

(2) 用一厚度为 $e = 6.6 \times 10^{-6}$ m、折射率为 $n = 1.58$ 的玻璃片覆盖一个狭缝后,零级明纹将移到原来的第几级明纹处?(1 nm $= 10^{-9}$ m)

19-6 用波长为 $500\ nm(1\ nm=10^{-9}\ m)$ 的单色光垂直照射到由两块光学平玻璃构成的空气劈形膜上。在观察反射光的干涉现象中，距劈形膜棱边 $l=1.56\ cm$ 的 A 处是从棱边算起的第四条暗条纹中心。

(1) 求此空气劈形膜的劈尖角 θ。

(2) 改用 $600\ nm$ 的单色光垂直照射到此劈尖上仍观察反射光的干涉条纹，A 处是明条纹还是暗条纹？

19-7 在 Si 的平表面上氧化了一层厚度均匀的 SiO_2 薄膜。为了测量薄膜厚度，将它的一部分磨成劈形（图中的 AB 段）。现用波长为 $600\ nm$ 的平行光垂直照射，观察反射光形成的等厚干涉条纹。在图中 AB 段共有 8 条暗纹，且 B 处恰好是一条暗纹，求薄膜的厚度。（Si 的折射率为 3.42，SiO_2 的折射率为 1.50。）

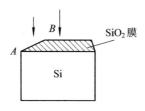

习题 19-7 图

19-8 曲率半径为 R 的平凸透镜和平板玻璃之间形成空气薄层，如图所示。波长为 λ 的平行单色光垂直入射，观察反射光形成的牛顿环。设平凸透镜与平板玻璃在中心 O 点恰好接触。求：

(1) 从中心向外数第 k 个明环所对应的空气薄膜的厚度 e_k。

(2) 第 k 个明环的半径 r_k（用 R、波长 λ 和正整数 k 表示，R 远大于上一问的 e_k）。

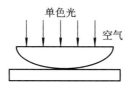

习题 19-8 图

19-9 在牛顿环装置的平凸透镜和平玻璃板之间充满折射率 $n=1.33$ 的透明液体（设平凸透镜和平玻璃板的折射率都大于 1.33）。凸透镜的曲率半径为 300 cm，波长 $\lambda=650\ nm$（$1\ nm=10^{-9}\ m$）的平行单色光垂直照射到牛顿环装置上，凸透镜顶部刚好与平玻璃板接触，求：

(1) 从中心向外数第 10 个明环所在处的液体厚度 e_{10}。

(2) 第 10 个明环的半径 r_{10}。

第 20 章　光　的　衍　射

【基本要求】

(1) 掌握光的衍射和惠更斯－菲涅耳原理。

(2) 掌握单缝的夫琅禾费衍射和光栅衍射，了解光学仪器的分辨本领。

(3) 了解细丝和细粒的衍射，了解光栅光谱和 X 射线衍射。

【内容提要】

1. 干涉与衍射的区别

光的干涉和衍射现象都是光具有波动性的表现，两者既有联系，又有区别。

光的干涉是指两束光或有限束光的叠加，而且在纯干涉问题中，每束光都按几何光学的规律传播；而在衍射现象中，光不再按几何光学的直线传播规律。实际上，双缝干涉不是纯干涉问题，因为每条缝的光都是衍射光。

根据惠更斯－菲涅耳原理，从同一波阵面上各点发出的子波(球面波)在空间各点相遇时可以相干涉，而衍射现象就是无数个子波叠加时产生干涉的现象。从这个意义上来讲，衍射现象在本质上也是干涉现象。

2. 单缝的夫琅禾费衍射

采用半波带法处理无数个子波的叠加。

具有衍射角为 φ 的一组平行光线有无数条，它们会聚在一起的叠加问题可借助于单缝两边缘光线(注意，仅仅只借助于它们)的光程差来加以解决，即把此光程差分成若干个半波长，因而相应地把单缝也分成同样数目的带，并称之为半波带。

(1) $\varphi = 0$ 的平行光会聚于透镜焦平面上的 O 点(透镜光轴上的点)，它们的光程差为零，所以 O 点的振动加强，屏上出现一条亮条纹，称为中央明纹。

(2) $\varphi \neq 0$ 的平行光会聚于透镜焦平面上的 P 点，如图 20-1 所示。这组平行光线的最大光程差为 BC，即单缝两边缘的光线光程差 $BC = a\sin\varphi$。通常采用菲涅耳半波带法来讨论屏上衍射条纹的分布。做平行于 AC 的平面(垂直于纸面)，它们将 BC 分割成一个个长为半个波长($\lambda/2$)的小段，同时也会将单缝处的波面分成一个个条形波带，如图 20-2 所示。

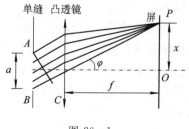

图 20-1

如果对于某衍射角 φ 使得 BC 为半波长的整数倍，即 $BC = a\sin\varphi = n\lambda/2$，此时单缝处

的波面就被这些平面分成了 n 个条形波带。由图 20-2 可知,相邻两个半波带上的所有对应点,如 a 与 a_1、b 与 b_1,发出的两条光线到屏上的光程差都为 $\lambda/2$。因此,这些对应光线一一对应相消(相位差为 π),对屏上光强的贡献为零。假如某衍射角 φ 使得狭缝处的波面分成偶数个半波带,两两抵消,沿此衍射角的平行光线在屏上会聚形成暗

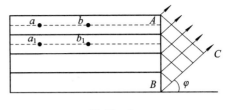

图 20-2

条纹;若分成奇数个半波带,将会剩余一个半波带的衍射光不能相消,对屏上的光强有贡献,在屏上形成明条纹。用数学形式来表示则为

$$BC = a\sin\varphi = \begin{cases} k\lambda, \\ (2k+1)\dfrac{\lambda}{2}, \end{cases} k = \pm1, \pm2, \cdots, \quad \begin{matrix} 暗条纹 \\ 明条纹 \end{matrix}$$

式中,$k=1$ 时,第一级暗(或明)条纹;$k=2$ 时,第二级暗(或明)条纹……两条第一级暗条纹之间为中央明纹。

注意:这里 k 值不能取 0,要从 1 开始。因为,光程差为 0 对应中央亮条纹的中心 O 点,而最大光程差为 $\lambda/2$ 对应于中央亮条纹内不是最亮的一点。

(3)屏幕上条纹位置与宽度。如图 20-1 所示,设第 k 级暗(或明)条纹 P 到屏上狭缝中垂线 O 点的距离 $\overline{OP} = x$,$x = f\tan\varphi$。考虑到可观察到的衍射条纹仅在 O 点很小的范围内,衍射角 φ 很小,有 $\tan\varphi \approx \varphi$,$\sin\varphi \approx \varphi$,则

$$x = \dfrac{f}{a} \cdot \begin{cases} k\lambda, \\ (2k+1)\dfrac{\lambda}{2}, \end{cases} k = \pm1, \pm2, \cdots, \quad \begin{matrix} 暗条纹位置 \\ 明条纹位置 \end{matrix}$$

中央明纹线宽度为

$$l_0 = 2x_1 = 2\frac{\lambda}{a}$$

中央明纹角宽度为

$$2\varphi_1 = 2\frac{\lambda f}{a}$$

任意两条相邻暗(或明)条纹的间距为

$$\Delta x = x_{k+1} - x_k = \frac{\lambda f}{a}$$

注意以下几点:

① 衍射角越大,分成的半波带越多,波带越窄,光能就越少,所以自中央向两边,明条纹亮度逐渐降低。

② 暗条纹很细(认为无宽度),屏上自某级暗条纹开始,光强逐步增大到最大值(即条件所说的明纹位置),再逐步减小到下一级暗条纹,因此相邻两条暗条纹的间距就是明条纹的宽度。

③ 有时给出单缝到屏的距离 D,因为透镜一般紧贴在单缝处,此时 $D=f$。

3. 光学仪器的分辨本领

(1)圆孔衍射

平行光通过小圆孔时，也会产生衍射现象。当单色平行光垂直照射小圆孔时，在透镜焦平面处的屏幕上将出现中央为亮圆斑的衍射图样，叫做艾里斑。艾里斑对透镜光心的半张角 $\theta_0 = 1.22\lambda/d$，也叫分辨角。

（2）瑞利判据

瑞利判据规定：如果一个点光源的衍射图样的中央最亮处刚好与另一个点光源的衍射图样的第一个最暗处相重合，可以认为这两个点光源恰能波这一光学仪器所分辨，如图 20-3(b)所示。

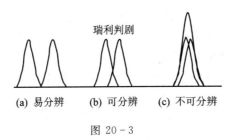

瑞利判剧

(a) 易分辨　　(b) 可分辨　　(c) 不可分辨

图 20-3

（3）成像仪器的像分辨本领

根据圆孔衍射规律和瑞利判据得

角分辨率（最小分辨角）：

$$\delta\theta = 1.22\,\frac{\lambda}{d}$$

分辨率（分辨本领）：

$$R = \frac{1}{\delta\theta} = \frac{d}{1.22\lambda}$$

4. 光栅衍射

（1）光栅特点

① 使用光栅可获得大间距、高亮度的清晰衍射图样（即光栅光谱）。对于某衍射角 φ，若这些单缝中任意一个的最大光程差是半波长的偶数倍（或奇数倍），则所有其他单缝均如此，它们在屏上的衍射条纹相互重合，因此提高了衍射条纹的亮度。

② 光栅衍射实质上是单缝衍射与缝间光线干涉的综合。

（2）光栅方程

如图 20-4 所示，已知光栅中各透光缝宽为 a、不透光的刻痕宽为 b，两相邻透光缝对应点的间距 $d = a + b$ 称为光栅常量，d 是光栅的一个重要参数。如果衍射角 φ 满足单缝衍射的暗纹条件 $a\sin\varphi = k\lambda$，可视为沿此衍射角方向没有光线到达屏上。如果衍射角 φ 不满足单缝衍射的暗纹条件，则衍射光线到达屏上叠加不为零，此时每个单缝沿此方向有一条光线射到屏上。若相邻两单缝沿

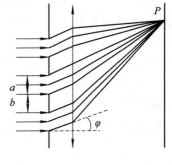

图 20-4

φ 方向发出的两条光线的光程差 $d\sin\varphi$ 为半波长的偶数倍，则任意两单缝沿 φ 角方向的衍射光线的光程差都为半波长的偶数倍，它们在屏上相干叠加产生明条纹（称为主极大）。因此，在光栅衍射图样中，各级主极大取决于下述光栅方程：

$$d\sin\varphi = k\lambda, \quad k = 0, \pm 1, \pm 2, \cdots$$

注意以下几点：

① $k=0$ 的条纹叫做中央明纹，$k=\pm 1$、± 2、$\cdots$ 的明纹分别叫做第一级、第二级 $\cdots\cdots$ 明纹（各级主极大）。相邻主极大明纹之间有 $N-1$ 条暗纹，还有 $N-2$ 条次明纹，次明纹光强很弱。

② 如果对于某衍射角 φ，同时满足光栅方程 $d\sin\varphi = k\lambda$ 与单缝衍射的暗条纹条件 $a\sin\varphi = 2k'(\lambda/2) = k'\lambda$，此时第 k 级明纹将不会出现，称为缺级现象（第 k 级明纹缺级）。

所缺级的级次由光栅常数 d 与缝宽 a 的比值决定。

对于光栅主极大满足 $d\sin\theta = \pm k\lambda$

对于单缝的衍射极小满足 $a\sin\theta = \pm k'\lambda$

当某一 θ 角同时满足这两个方程时，则 k 级主极大缺级，得

$$k = \pm \frac{d}{a}k' \quad k' = 1, 2, 3, \cdots$$

例如，当 $\frac{d}{a} = 2$ 时，缺 $k = \pm 2, \pm 4, \cdots$ 逐级极大。

（3）光栅衍射条纹的特点

① 相邻两明纹的间距较大，其间为很宽的暗区。

② 光栅中的狭缝数目越多，明纹则越亮。

③ 光栅常量越小，则明纹越窄，明纹间隔越大。

5. 光栅光谱

如果入射光是复色光，所有波长的光均在中央形成明纹，则其他级次的明条纹将按波长顺序排列，波长越短的谱线越靠近中央明纹，波长越长的谱线越远离中央明纹，光栅光谱由若干条不同颜色的细亮谱线组成。

【例题精讲】

例 20-1 惠更斯引入_____的概念提出了惠更斯原理，菲涅耳再用_____的思想补充了惠更斯原理，发展成了惠更斯—菲涅耳原理。

例 20-2 在单缝夫琅禾费衍射实验中，波长为 λ 的单色光垂直入射在宽度为 $a = 4\lambda$ 的单缝上，对应于衍射角为 $30°$ 的方向，单缝处波阵面可分成的半波带数目为_____。

A. 2 个　　　　　B. 4 个　　　　　C. 6 个　　　　　D. 8 个

例 20-3 一束波长为 λ 的平行单色光垂直入射到一单缝 AB 上，装置如图所示。在屏幕 D 上形成衍射图样，如果 P 是中央亮纹一侧第一个暗纹所在的位置，则 $\overline{BC}$ 的长度为_____。

A. $\lambda/2$

B. λ

C. $3\lambda/2$

D. 2λ

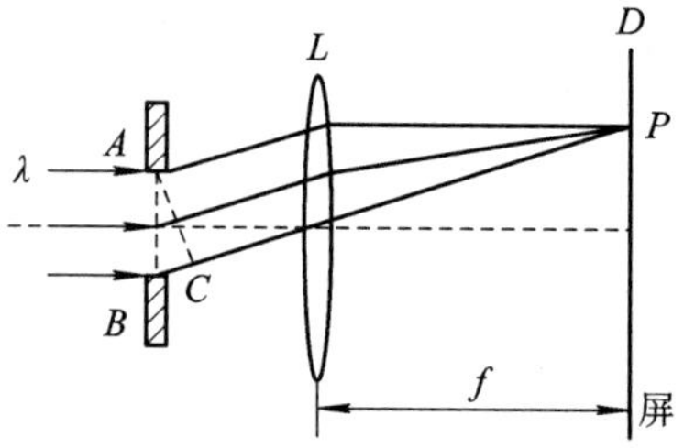

例 20-3 图

例 20-4 在如图所示的单缝夫琅禾费衍射装置中，设中央明纹的衍射角范围很小。

— 142 —

若使单缝宽度 a 变为原来的 $3/2$,同时使入射的单色光的波长 λ 变为原来的 $3/4$,则屏幕 C 上单缝衍射条纹中央明纹的宽度 Δx 将变为原来的_____。

A. $3/4$ 　　B. $2/3$ 　　C. $9/8$ 　　D. $1/2$

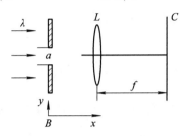

例 20－4 图

例 20－5 在单缝夫琅禾费衍射实验中,若增大缝宽,其他条件不变,则中央明条纹_____。

A. 宽度变小 　　　　　　　　B. 宽度变大

C. 宽度不变,且中心强度也不变 　　D. 宽度不变,但中心强度增大

例 20－6 波长 $\lambda=500$ nm(1 nm $=10^{-9}$ m)的单色光垂直照射到宽度 $a=0.25$ mm 的单缝上,单缝后面放置一凸透镜,在凸透镜的焦平面上放置一屏幕,用以观测衍射条纹。今测得屏幕上中央明条纹一侧第三个暗条纹和另一侧第三个暗条纹之间的距离为 $d=12$ mm,则凸透镜的焦距 f 为_____。

A. 2 m 　　B. 1 m 　　C. 0.5 m 　　D. 0.2 m

例 20－7 对某一定波长的垂直入射光,衍射光栅的屏幕上只能出现零级和一级主极大,欲使屏幕上出现更高级次的主极大,应该_____。

A. 换一个光栅常数较小的光栅

B. 换一个光栅常数较大的光栅

C. 将光栅向靠近屏幕的方向移动

D. 将光栅向远离屏幕的方向移动

例 20－8 一束单色光垂直入射在光栅上,衍射光谱中共出现 5 条明纹。若已知此光栅缝宽度与不透明部分宽度相等,那么在中央明纹一侧的两条明纹分别是第_____级和第_____级谱线。

例 20－9 在光栅光谱中,假如所有偶数级的主极大都恰好在单缝衍射的暗纹方向上,因而实际上不出现,那么此光栅每个透光缝宽度 a 和相邻两缝不透光部分宽度 b 的关系为_____。

A. $a=\dfrac{1}{2}b$ 　　B. $a=b$ 　　C. $a=2b$ 　　D. $a=3b$

例 20－10 一束白光垂直照射在一光栅上,在形成的同一级光栅光谱中,偏离中央明纹最远的是_____。

A. 紫光 　　B. 绿光 　　C. 黄光 　　D. 红光

例 20－11 有一双缝,缝距 $d=0.40$ mm,两缝宽度都是 $a=0.080$ mm,用波长为 $\lambda=480$ nm(1 nm $=10^{-9}$ m)的平行光垂直照射双缝,在双缝后放一焦距 $f=2.0$ m 的透镜,求:

（1）在透镜焦平面处的屏上，双缝干涉条纹的间距。

（2）在单缝衍射中央亮纹范围内的双缝干涉条纹数目 N 和相应的级数。

【解】（1）由双缝干涉条纹第 k 级亮纹条件 $d\sin\theta = k\lambda$ 知，第 k 级亮条纹位置为

$$x_k = f\tan\theta \approx f\sin\theta \approx \frac{kf\lambda}{d}$$

相邻两亮纹间距为

$$\Delta x = x_{k+1} - x_k = \frac{(k+1)f\lambda}{d} - \frac{kf\lambda}{d} = \frac{f\lambda}{d} = 2.4 \times 10^{-3}\ \text{m} = 2.4\ \text{mm}$$

（2）由单缝衍射第一级暗纹条件 $a\sin\theta_1 = \lambda$ 知，单缝衍射中央亮纹半宽度为

$$\Delta x_0 = f\tan\theta_1 \approx f\sin\theta_1 \approx \frac{f\lambda}{a} = 12\ \text{mm}$$

即

$$\frac{\Delta x_0}{\Delta x} = 5$$

所以双缝干涉第 ± 5 级主极大缺级。

因此在单缝衍射中央亮纹范围，双缝干涉亮纹数 $N = 9$，即 $k = 0, \pm 1, \pm 2, \pm 3, \pm 4$ 级，或根据 $d/a = 5$ 指出双缝干涉缺第 ± 5 级主极大，同样得到该结论。

例 20-12 （1）在单缝夫琅禾费衍射实验中，垂直入射的光有两种波长，$\lambda_1 = 400\ \text{nm}$，$\lambda_2 = 760\ \text{nm}(1\ \text{nm} = 10^{-9}\ \text{m})$。已知单缝宽度 $a = 1.0 \times 10^{-2}\ \text{cm}$，透镜焦距 $f = 50\ \text{cm}$，求两种光第一级衍射明纹中心之间的距离。

（2）若用光栅常数 $d = 1.0 \times 10^{-3}\ \text{cm}$ 的光栅替换单缝，其他条件和上一问相同，求两种光第一级主极大之间的距离。

【解】（1）由单缝衍射明纹公式可知

$$a\sin\theta_1 = \frac{1}{2}(2k+1)\lambda_1 = \frac{3}{2}\lambda_1 \quad (\text{取 } k = 1), \qquad a\sin\theta_1 = \frac{1}{2}(2k+1)\lambda_2 = \frac{3}{2}\lambda_2$$

$$\tan\theta_1 = \frac{x_1}{f}, \qquad \tan\theta_2 = \frac{x_2}{f}$$

由于

$$\sin\theta_1 \approx \tan\theta_1, \qquad \sin\theta_2 \approx \tan\theta_2$$

所以

$$x_1 = \frac{3}{2}\frac{f\lambda_1}{a}, \qquad x_2 = \frac{3}{2}\frac{f\lambda_2}{a}$$

则两个第一级明纹之间的距离为

$$\Delta x = x_2 - x_1 = \frac{3}{2}\frac{f\Delta\lambda}{a} = 0.27\ \text{cm}$$

（2）由光栅衍射主极大的公式 $d\sin\theta_1 = k\lambda_1 = 1\lambda_1$ 和 $d\sin\theta_2 = k\lambda_2 = 1\lambda_2$ 以及 $\sin\theta \approx \tan\theta = x/f$，可得

$$\Delta x = x_2 - x_1 = \frac{f\Delta\lambda}{d} = 1.8\ \text{cm}$$

【习题精练】

20-1 根据惠更斯—菲涅耳原理，若已知光在某时刻的波阵面为 S，则 S 的前方某点 P 的光强度决定于波阵面 S 上所有面积元发出的子波各自传到 P 点的 _____。

A. 振动振幅之和　　　　　　　　B. 光强之和

C. 振动振幅之和的平方　　　　　　　　D. 振动的相干叠加

20-2　平行单色光垂直入射于单缝上,观察夫琅禾费衍射。若屏上 P 点处为第二级暗纹,则单缝处波面相应地可划分为_____个半波带。若将单缝宽度缩小一半,P 点处将是_____级_____纹。

20-3　波长 $\lambda = 550$ nm(1 nm $= 10^{-9}$ m)的单色光垂直入射于光栅常数 $d = 2 \times 10^{-4}$ cm 的平面衍射光栅上,可能观察到的光谱线的最大级次为_____。

A. 2　　　　　　　　B. 3　　　　　　　　C. 4　　　　　　　　D. 5

20-4　某元素的特征光谱中含有波长分别为 $\lambda_1 = 450$ nm 和 $\lambda_2 = 750$ nm(1 nm $= 10^{-9}$ m)的光谱线。在光栅光谱中,这两种波长的谱线有重叠现象,重叠处 λ_2 的谱线的级数将是_____。

A. 2,3,4,5,…　　　　　　　　　　B. 2,5,8,11,…

C. 2,4,6,8,…　　　　　　　　　　D. 3,6,9,12,…

20-5　测量单色光的波长时,下列方法中_____最为准确。

A. 双缝干涉　　　　　　　　　　　B. 牛顿环

C. 单缝衍射　　　　　　　　　　　D. 光栅衍射

20-6　在某个单缝衍射实验中,光源发出的光含有两种波长 λ_1 和 λ_2,垂直入射于单缝上。假如 λ_1 的第一级衍射极小与 λ_2 的第二级衍射极小相重合,试问:

(1) 这两种波长之间有何关系?

(2) 在这两种波长的光所形成的衍射图样中,是否还有其他极小相重合?

20-7　波长为 500 nm(1 nm $= 10^{-9}$ m)的单色光垂直入射到每厘米 5000 条刻线的光栅上,实际上可能观察到的最高级次的主极大是第几级? 为什么?

20-8　某种单色光垂直入射到一个光栅上,由单色光波长和已知的光栅常数,按光栅公式算得 $k = 4$ 的主极大对应的衍射方向为 $90°$,并且知道无缺级现象。实际上可观察到的主极大明条纹共有几条?

20-9　一束具有两种波长 λ_1 和 λ_2 的平行光垂直照射到一衍射光栅上,测得波长 λ_1 的第三级主极大衍射角和 λ_2 的第四级主极大衍射角均为 $30°$。已知 $\lambda_1 = 560$ nm(1 nm $= 10^{-9}$ m),试求:

(1) 光栅常数 $a + b$。

(2) 波长 λ_2。

20-10　氦放电管发出的光垂直照射到某光栅上,测得波长 $\lambda_1 = 0.668$ μm 的谱线的衍射角为 $\theta = 20°$。如果在同样 θ 角处出现波长 $\lambda_2 = 0.447$ μm 的更高级次的谱线,那么光栅常数最小是多少?

20-11　一衍射光栅,每厘米 200 条透光缝,每条透光缝宽为 $a = 2 \times 10^{-3}$ cm,在光栅后放一焦距 $f = 1$ m 的凸透镜,现以 $\lambda = 600$ nm(1 nm $= 10^{-9}$ m)的单色平行光垂直照射光栅,求:

(1) 透光缝 a 的单缝衍射中央明条纹宽度为多少?

(2) 在该宽度内,有几个光栅衍射主极大?

第21章 光的偏振

【基本要求】

（1）理解自然光和偏振光的定义。

（2）掌握三种产生偏振光的方法及相关公式。

【内容提要】

1. 光的偏振

光是横波，其电场强度 E 矢量称为光矢量。光矢量方向与光的传播方向垂直，两者方向构成振动面。我们把光在与传播方向相垂直的平面内的各种振动状态称为光的偏振。光的偏振现象表明光是横波（光矢量 E 的振动方向与光的传播方向互相垂直）。

（1）偏振态种类：光的偏振有五种可能的状态：自然光、部分偏振光、线偏振光、圆偏振光和椭圆偏振光。

（2）自然光：在与传播方向垂直平面上的光振动 E 矢量是轴对称均匀分布的，这种无限多个振幅相等、振动方向任意、彼此之间没有固定相位关系的光振动的组合，即为自然光。其几何表示如图 21-1 所示。

自然光(此4种表示等价)

图 21-1

（3）线偏振光。在传播过程中：如果光振动矢量只限在包含传播方向的某一个确定的平面内，则这种偏振态称为线偏振光，该平面称为偏振面。线偏振光的光矢量用一条直线表示，几何表示如图 21-2 所示。

部分偏振光　　　　　　　完全偏振光(偏振光)

图 21-2

2. 马吕斯定律

（1）偏振片：当自然光入射到用某种材料制成的光学元件时，会由于吸收而得到与吸收方向垂直的线偏振光。这样的元件就称为偏振片。偏振片上能通过光振动的方向称偏振化方向。

强度 I_0 的自然光通过偏振片后，透射光是线偏振光，光强为

$$I = \frac{I_0}{2}$$

起偏：从自然光中获得偏振光的过程。

检偏：用偏振片检查光是自然光、线偏振光或是部分偏振光的过程。

（2）马吕斯定律：若入射线偏振光强度为 I_0，则经偏振片后出射的透射光强为

$$I = I_0 \cos^2 \alpha$$

式中，α 为光矢量振动方向与偏振片偏振化方向的夹角。

3. 布儒斯特定律

当自然光入射到两种介质的分界面时，反射光和折射光都是部分偏振光。如果两种介质的折射率分别为 n_1 和 n_2，自然光入射角为 i_B，折射角为 r，当满足

$$\tan i_B = \frac{n_2}{n_1}$$

即

$$i_B + r = \frac{\pi}{2}$$

时，反射光为完全偏振光，折射光仍为部分偏振光。这一关系称为布儒斯特定律。入射角 i_B 称为布儒斯特角或起偏角。

4. 双折射现象

自然光和偏振光入射各向异性晶体时，晶体内将分出 o 光、e 光两条折射偏振光。o 光遵守折射定律，称为寻常光；e 光不遵守折射定律，称为非常光。寻常光和非常光都是线偏振光，而且二者的光振动方向相互垂直。

（1）光轴：各向异性晶体中存在着一个特殊的方向，当光线在晶体内沿着这个方向传播时，不发生双折射，o 光和 e 光不会分开。这个特殊的方向称为晶体的光轴。光轴是一个方向，可用沿此方向的一组平行线中的任意一条直线表示。方解石、石英、红宝石和冰等晶体都只有一个光轴，称为单轴晶体；而云母、蓝宝石和硫磺等晶体却有两个光轴，称为双轴晶体。

（2）主平面：晶体中某条光线与晶体光轴构成的平面称为晶体主平面。对于单轴晶体，一条光线只有一个相应的主平面，而双轴晶体则有两个主平面。实验表明，o 光的振动方向总是垂直于它所对应的主平面，而 e 光的振动方向则在它对应的主平面内。

【例题精讲】

例 21-1 在双缝干涉实验中，用单色自然光，在屏上形成干涉条纹。若在两缝后放一个偏振片，则_____。

A. 干涉条纹的间距不变，但明纹的亮度加强

B. 干涉条纹的间距不变，但明纹的亮度减弱

C. 干涉条纹的间距变窄，且明纹的亮度减弱

D. 无干涉条纹

例 21-2 光的干涉和衍射现象反映了光的_____性质。光的偏振现象说明光波是_____波。

例 21-3 两偏振片堆叠在一起，一束自然光垂直入射其上时没有光线通过。当其中

一偏振片慢慢转动 $180°$ 时透射光强度发生的变化为_____。

A. 光强单调增加

B. 光强先增加，后又减小至零

C. 光强先增加，后减小，再增加

D. 光强先增加，然后减小，再增加，再减小至零

例 21-4 使一光强为 I_0 的平面偏振光先后通过两个偏振片 P_1 和 P_2。P_1 和 P_2 的偏振化方向与原入射光光矢量振动方向的夹角分别是 α 和 $90°$，则通过这两个偏振片后的光强 I 是_____。

A. $\frac{1}{2} I_0 \cos^2 \alpha$ 　　　　　　　　B. 0

C. $\frac{1}{4} I_0 \sin^2(2\alpha)$ 　　　　　　D. $\frac{1}{4} I_0 \sin^2 \alpha$

例 21-5 自然光以布儒斯特角 i_0 从第一种介质（折射率为 n_1）入射到第二种介质（折射率为 n_2）内，则 $\tan i_0 =$ _____，折射角为_____。

例 21-6 某种透明媒质对于空气的临界角（指全反射）等于 $45°$，光从空气射向此媒质时的布儒斯特角是_____。

A. $35.3°$ 　　　B. $40.9°$ 　　　C. $45°$ 　　　D. $54.7°$

例 21-7 一束光线入射到单轴晶体后，成为两束光线，沿着不同方向折射，这样的现象称为双折射现象。其中一束折射光称为寻常光，它符合_____定律；另一束光线称为非常光，它符合_____定律。

例 21-8 两个偏振片 P_1、P_2 叠在一起，其偏振化方向之间的夹角为 $30°$。由强度相同的自然光和线偏振光混合而成的光束垂直入射在偏振片上。已知穿过 P_1 后的透射光强为入射光强的 $2/3$，求：

(1) 入射光中线偏振光的光矢量振动方向与 P_1 的偏振化方向的夹角 θ。

(2) 连续穿过 P_1、P_2 后的透射光强与入射光强之比。

【解】 设 I_0 为自然光强，由题意知入射光强为 $2I_0$。

(1) 因为

$$I_1 = \frac{2}{3}(2I_0) = 0.5 I_0 + I_0 \cos^2 \theta$$

$$\frac{4}{3} = 0.5 + \cos^2 \theta$$

所以

$$\theta = 24.1°$$

(2) 因为

$$I_1 = \frac{2(2I_0)}{3}$$

$$I_2 = I_1 \cos^2 30° = \frac{3I_1}{4} = \frac{3}{4}\left(\frac{4}{3} I_0\right) = I_0$$

所以

$$\frac{I_2}{2I_0} = \frac{1}{2}$$

【习题精练】

21-1 如图所示的杨氏双缝干涉装置，若用单色自然光照射狭缝 S，则在屏幕上能看

到干涉条纹。若在双缝 S_1 和 S_2 的一侧分别加一同质同厚的偏振片 P_1、P_2，则当 P_1 与 P_2 的偏振化方向相互_____时，在屏幕上仍能看到很清晰的干涉条纹。

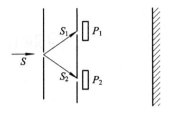

习题 21-1 图

21-2 两个偏振片堆叠在一起，其偏振化方向相互垂直。若一束强度为 I_0 的线偏振光入射，其光矢量振动方向与第一偏振片偏振化方向夹角为 $\pi/4$，则穿过第一偏振片后的光强为_____，穿过两个偏振片后的光强为_____。

21-3 由强度为 I_a 的自然光和强度为 I_b 的线偏振光混合而成的一束入射光，垂直入射在一偏振片上，当以入射光方向为转轴旋转偏振片时，出射光将出现最大值和最小值，其比值为 n。试求出 I_a / I_b 与 n 的关系。

21-4 在水（折射率 $n_1 = 1.33$）和一种玻璃（折射率 $n_2 = 1.56$）的交界面上，自然光从水中射向玻璃，求起偏角 i_0。若自然光从玻璃中射向水，则求此时的起偏角 i_0'。

21-5 一束自然光从空气入射到水（折射率为 1.33）表面上，若反射光是线偏振光，求：

（1）此入射光的入射角。

（2）此入射光的折射角。

第 22 章 狭义相对论基础

【基本要求】

(1) 理解狭义相对论的两个基本假设以及由此引申出的全新的时空观。

(2) 理解洛仑兹坐标变换公式，了解相对论时空观和绝对时空观的区别。

(3) 掌握同时性的相对性以及时间膨胀效应和长度收缩效应。

(4) 理解相对论质量、动量、动能、能量等概念和公式以及它们和牛顿力学中相应各量的关系，并能正确利用这些公式进行计算。

【内容提要】

1. 伽利略变换和牛顿时空观

当我们描述一个事件时，需要记录该事件发生的地点和时间。设有两个惯性坐标系 S 系与 S' 系，x 轴与 x' 轴重合，y 轴与 y' 轴、z 轴与 z' 轴分别平行，O 与 O' 重合时，$t=t'=0$，S' 系相对 S 系以速度 u 沿 x 轴运动。对某一事件 P，S 系与 S' 系记录的地点和时间为 (x, y, z, t) 和 (x', y', z', t')，伽利略变换如下：

$$x' = x - ut, \ y' = y, \ z' = z, \ t' = t$$

这是 S 系与 S' 系之间的坐标变换关系。上述变换关系中揭示了：

(1) 时间对于一切参考系都是相同的，即存在与任何具体参考系的运动状态无关的时间。或者说，存在不受运动状态影响的时钟，即 $t' = t$，$\Delta t = \Delta t'$。

(2) 空间对于一切参考系都是相同的，即假定空间长度与任何具体参考系的运动状态无关。这相当于假定存在不受运动状态影响的直尺。

如果一个物理理论的基本定律在由伽利略变换所联系的所有惯性系中有相同的数学表达形式，就称此理论满足伽利略相对性原理（通常也称经典相对性原理）。

2. 狭义相对论的两个基本假设

全部狭义相对论由以下两条基本假设直接导出：

(1) 相对性原理：在所有惯性系中，一切物理定律的数学表达形式不变。或者说，对于描述一切物理现象的规律来说，所有惯性系都是等价的。

(2) 光速不变原理：在所有惯性系中，真空中光总以恒定的速度 c 传播，这个速度的大小与光源和观察者的运动状态无关。

3. 洛仑兹变换

有两个惯性参考系 S 系和 S' 系，如图 22-1 所示，它们相应的坐标轴相互平行，且 X 轴和 X' 轴重合。S' 系沿 X 轴方向以恒定速度 u 相对 S 系运动，在坐标原点 O 与 O' 重合时刻，$t = t' = 0$。记某一事件在惯性参考系 S、S' 中的时空坐标分别为 (x, y, z, t) 和 (x', y', z', t')，则其时空坐标变换关系为

$$x' = \frac{x - ut}{\sqrt{1 - \beta^2}}, \quad y' = y, \ z' = z$$

$$t' = \frac{t - ux/c^2}{\sqrt{1 - \beta^2}}$$

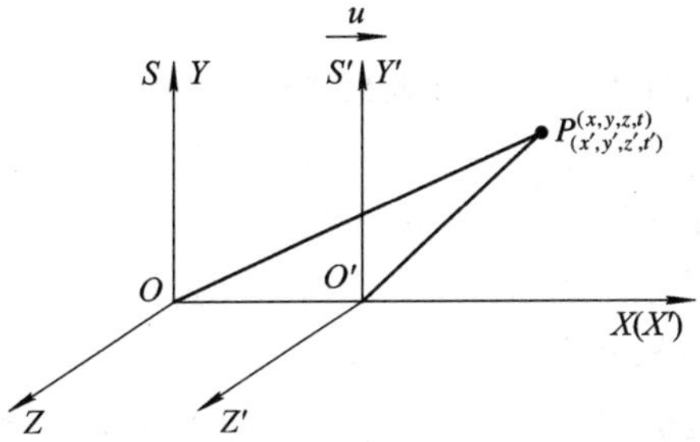

图 22 - 1

逆变换式为

$$x = \frac{x' + ut'}{\sqrt{1 - \beta^2}}, \quad y = y', \quad z = z'$$

$$t = \frac{t' + ux'/c^2}{\sqrt{1 - \beta^2}}$$

式中，$\beta = u/c$ 为相对论因子。

当速度远小于光速时，$\beta \ll 1$，洛仑兹变换退化为伽利略变换（满足对应性原理）：

$$x' = x - ut, \quad y' = y, \quad z' = z, \quad t' = t$$

4. 相对论时空观

（1）同时性的相对性

沿两个惯性系相对运动方向上发生的两个独立事件，若在一个惯性系中是同时发生的，则在另一惯性系中不一定同时发生。

任意两事件 P_1 和 P_2 在 S 和 S' 系中的时间间隔的变换关系为

$$\Delta t' = t'_2 - t'_1 = \frac{(t_2 - t_1) - u(x_2 - x_1)/c^2}{\sqrt{1 - \beta^2}}$$

相应的逆变换式同学们可自己推出。

在 S 系中若发生的两个事件是同时的，即 $\Delta t = t_2 - t_1 = 0$，则在 S' 系中有

$$\Delta t' = - \frac{u \Delta x}{c^2 \sqrt{1 - \beta^2}}$$

若 $\Delta x = 0$，则同时具有绝对意义；若 $\Delta x \neq 0$，则同时是相对的。

在一般情况下，对于一个观测者是同时发生的两个事件，对于另一个观测者就不一定是同时发生的。只有在同时同地发生的两个事件的同时性才具有绝对意义。

同时性的相对性否定了各个惯性系具有统一时间的可能性，否定了牛顿的绝对时空观。

（2）时间间隔的相对性（时间膨胀、时间延缓）

原时（固有时间、本征时间）是指在某一参考系中同一地点先后发生的两个事件之间的时间间隔。它是由静止于此参考系中该地点的一只钟测出的，原时最短。

当 $\Delta x = x_2 - x_1 = 0$ 时，即两个事件先后发生在 S 系中的同一地点，$\Delta t' = \dfrac{\Delta t}{\sqrt{1-\beta^2}}$，

$\Delta t' = \tau$，$\Delta t = \tau_0$ 为原时，表示为 $\tau = \dfrac{\tau_0}{\sqrt{1-\beta^2}}$。

对于某事物的一个变化过程，用相对观察者静止的钟量出的时间间隔较大——时间膨胀，即运动的寿命变长。

注意：没有因果关系的两个事件发生的先后顺序可以颠倒，有因果关系的两个事件发生的先后顺序不能颠倒（因果律的绝对性），任何物理速度不能大于光在真空里的速度 c。

（3）空间间隔的相对性（长度收缩）

固有长度（静止长度）是指相对于静止参考系测得的长度。运动的棒沿运动方向的长度比固有长度短，这是同时性的必然结果。由洛仑兹变换可得

$$\Delta x' = x_2' - x_1' = \frac{(x_2 - x_1) - \mu(t_2 - t_1)}{\sqrt{1-\beta^2}}$$

若 $\Delta t = t_2 - t_1 = 0$，即 x_1 和 x_2 必须被同时测量，而 x_1' 和 x_2' 可以同时测，也可以不同时测，则两个坐标系中的空间间隔有如下关系：$\Delta x = \Delta x' \sqrt{1-\beta^2}$，$\Delta x = l$，$\Delta x' = l_0$ 叫做固有长度或静止长度。

$$l = l_0 \sqrt{1-\beta^2}$$

注意：物体沿运动方向的长度收缩（与物体结构无关），与运动方向垂直的方向上长度不变。

5. 相对论动力学

物体运动速度的大小为 v，$\beta = \dfrac{v}{c}$。

（1）相对论质量

$$m = \frac{m_0}{\sqrt{1-\beta^2}}$$

式中，m_0 为静止质量，m 为运动质量。

（2）相对论动量

$$p = mv = \frac{m_0 v}{\sqrt{1-\beta^2}}$$

（3）相对论能量

静止能量：$E_0 = m_0 c^2$

总能量：$E = mc^2$

相对论动能：$E_k = E - E_0 = mc^2 - m_0 c^2$

（4）相对论动量和能量的关系（如图 22-2 所示）

$$E^2 = p^2 c^2 + E_0^2 = p^2 c^2 + (m_0 c^2)^2$$

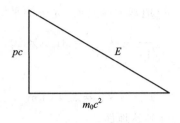

图 22-2

讨论：

① 经典区域：$v \ll c$, $\gamma = \sqrt{1-\beta^2} \to 1$, $p = m_0 v$, $E_k = \dfrac{1}{2} mv^2 = \dfrac{p^2}{2m}$, $E = E_0 + \dfrac{p^2}{2m}$

② 相对论极限：$v \approx c$, $\gamma \gg 1$, $E = E_k = pc = h\nu$

【例题精讲】

例 22-1 下列几种说法中正确的是 _____。

(1) 所有惯性系对物理基本规律都是等价的。

(2) 在真空中，光的速度与光的频率、光源的运动状态无关。

(3) 在任何惯性系中，光在真空中沿任何方向的传播速率都相同。

A. 只有(1)、(2)正确　　　　　　B. 只有(1)、(3)正确

C. 只有(2)、(3)正确　　　　　　D. (1)、(2)、(3)都正确

例 22-2 经典的力学相对性原理与狭义相对论的相对性原理有何不同？

【答】 经典力学相对性原理是指对不同的惯性系，牛顿定律和其他力学定律的形式都是相同的。

狭义相对论的相对性原理指出：在一切惯性系中，所有物理定律的形式都是相同的，即指出相对性原理不仅适用于力学现象，而且适用于一切物理现象。也就是说，不仅对力学规律所有惯性系等价，而且对于一切物理规律，所有惯性系都是等价的。

例 22-3 有一速度为 u 的宇宙飞船沿 x 轴正方向飞行，飞船头尾各有一个脉冲光源在工作，处于船尾的观察者测得船头光源发出的光脉冲的传播速度大小为 _____；处于船头的观察者测得船尾光源发出的光脉冲的传播速度大小为 _____。

例 22-4 当惯性系 S 和 S' 的坐标原点 O 和 O' 重合时，有一点光源从坐标原点发出一光脉冲，在 S 系中经过一段时间 t 后（在 S' 系中经过时间 t'），此光脉冲的球面方程（用直角坐标系）分别为：S 系 _____；S' 系 _____。

例 22-5 关于同时性的以下结论中，正确的是 _____。

A. 在一惯性系同时发生的两个事件，在另一惯性系一定不同时发生

B. 在一惯性系不同地点同时发生的两个事件，在另一惯性系一定同时发生

C. 在一惯性系同一地点同时发生的两个事件，在另一惯性系一定同时发生

D. 在一惯性系不同地点不同时发生的两个事件，在另一惯性系一定不同时发生

例 22-6 静止的 μ 子的平均寿命约为 $\tau_0 = 2 \times 10^{-6}$ s。今在 8 km 的高空，由于 π 介子的衰变产生一个速度为 $v = 0.998c$（c 为真空中光速）的 μ 子，试论证此 μ 子有无可能到达地面。

【证明】 考虑相对论效应，以地球为参照系，μ 子的平均寿命为

$$\tau = \frac{\tau_0}{\sqrt{1-(v/c)^2}} = 31.6 \times 10^{-6}\ \text{s}$$

则 μ 子的平均飞行距离为

$$L = v \cdot \tau = 9.46\ \text{km}$$

μ 子的飞行距离大于高度，有可能到达地面。

例 22-7 两个惯性系 S 和 S'，沿 $x\,(x')$ 轴方向作匀速相对运动。设在 S' 系中某点先后发生两个事件，用静止于该系的钟测出两事件的时间间隔为 τ_0，而用固定在 S 系的钟测出这两个事件的时间间隔为 τ，又在 S' 系 x' 轴上放置一静止于该系、长度为 l_0 的细杆，从 S 系测得此杆的长度为 l，则_____。

A. $\tau < \tau_0$；$l < l_0$ B. $\tau < \tau_0$；$l > l_0$

C. $\tau > \tau_0$；$l > l_0$ D. $\tau > \tau_0$；$l < l_0$

例 22-8 一列高速火车以速度 u 驶过车站时，固定在站台上的两只机械手在车厢上同时划出两个痕迹，静止在站台上的观察者同时测出两痕迹之间的距离为 $1\ m$，则车厢上的观察者应测出这两个痕迹之间的距离为_____。

例 22-9 α 粒子在加速器中被加速，当其质量为静止质量的 3 倍时，其动能为静止能量的_____。

A. 2 倍   B. 3 倍   C. 4 倍   D. 5 倍

例 22-10 匀质细棒静止时的质量为 m_0，长度为 l_0，当它沿棒长方向作高速的匀速直线运动时，测得它的长为 l，那么，该棒的运动速度 $v = $_____；该棒所具有的动能 $E_k = $_____。

例 22-11 观察者甲以 $0.8c$ 的速度（c 为真空中光速）相对于静止的观察者乙运动，若甲携带一长度为 l、截面积为 S、质量为 m 的棒，这根棒安放在运动方向上，则甲测得此棒的密度为_____；乙测得此棒的密度为_____。

例 22-12 根据相对论力学，动能为 $0.25\ \text{MeV}$ 的电子，其运动速度约等于_____。

A. $0.1c$ B. $0.5c$ C. $0.75c$ D. $0.85c$

（c 表示真空中的光速，电子的静能 $m_0 c^2 = 0.51\ \text{MeV}$。）

例 22-13 令电子的速率为 v，则电子的动能 E_k 对于比值 v/c 的图线可用下列图中_____表示。

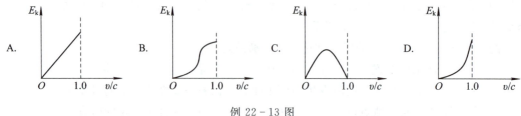

例 22-13 图

【习题精练】

22-1 两个惯性系 K 与 K' 坐标轴相互平行，K' 系相对于 K 系沿 x 轴作匀速运动，在 K' 系的 x' 轴上，相距为 L' 的 A'、B' 两点处各放一只已经彼此对准了的钟，试问在 K 系

中的观测者看这两只钟是否也是对准了？为什么？

22-2 在 S 系中的 x 轴上相隔为 Δx 处有两只同步的钟 A 和 B，读数相同。在 S' 系的 x' 轴上也有一只同样的钟 A'，设 S' 系相对于 S 系的运动速度为 v，沿 x 轴方向，且当 A' 与 A 相遇时，刚好两钟的读数均为零。那么，当 A' 钟与 B 钟相遇时，在 S 系中 B 钟的读数是_____；此时在 S' 系中 A' 钟的读数是_____。

22-3 在某地发生两件事，静止位于该地的甲测得时间间隔为 4 s，若相对于甲作匀速直线运动的乙测得时间间隔为 5 s，则乙相对于甲的运动速度是_____。

A. $\left(\dfrac{4}{5}\right)c$ B. $\left(\dfrac{3}{5}\right)c$ C. $\left(\dfrac{2}{5}\right)c$ D. $\left(\dfrac{1}{5}\right)c$

22-4 假定在实验室中测得静止在实验室中的 μ^+ 子(不稳定的粒子)的寿命为 2.2×10^{-6} s，当它相对于实验室运动时实验室中测得它的寿命为 1.63×10^{-5} s，则 μ^+ 子相对于实验室的速度是真空中光速的多少倍？为什么？

22-5 边长为 a 的正方形薄板静止于惯性系 K 的 Oxy 平面内，且两边分别与 x、y 轴平行。今有惯性系 K' 以 $0.8c$ 的速度相对于 K 系沿 x 轴作匀速直线运动，则从 K' 系测得薄板的面积为_____。

A. $0.6a^2$ B. $0.8a^2$ C. a^2 D. $a^2/0.6$

22-6 地球的半径约为 $R_0=6376$ km，它绕太阳的速率约为 $v=30$ km/s，在太阳参考系中测量地球的半径在哪个方向上缩短得最多？缩短了多少？(假设地球相对于太阳系来说近似于惯性系。)

22-7 有一直尺固定在 K' 系中，它与 Ox' 轴的夹角 $\theta'=45°$，如果 K' 系以匀速度沿 Ox 方向相对于 K 系运动，K 系中观察者测得该尺与 Ox 轴的夹角_____。

A. 大于 $45°$ B. 小于 $45°$ C. 等于 $45°$

D. K' 系沿 Ox 正方向运动时大于 $45°$，K' 系沿 Ox 负方向运动时小于 $45°$

22-8 一隧道长为 L，宽为 d，高为 h，拱顶为半圆，如图所示。设想一列车以极高的速度 v 沿隧道长度方向通过隧道，若从列车上观测，求：

(1) 隧道的尺寸。

(2) 设列车的长度为 l_0，它全部通过隧道的时间。

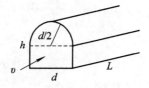

习题 22-8 图

22-9 狭义相对论确认，时间和空间的测量值都是_____，它们与观察者的_____密切相关。

22-10 在狭义相对论中，下列说法中_____是错误的。

A. 一切运动物体相对于观察者的速度都不能大于真空中的光速

B. 质量、长度、时间的测量结果都是随物体与观察者的相对运动状态而改变的

C. 在一惯性系中发生于同一时刻，不同地点的两个事件在其他一切惯性系中也是同时发生的

D. 惯性系中的观察者观察一个与他作匀速相对运动的时钟时,会看到这只时钟比与他相对静止的相同的时钟走得慢些

22-11 观察者甲以 $0.8c$ 的速度相对于静止的观察者乙运动,若甲携带一质量为 1 kg的物体,则甲测得此物体的总能量为_____;乙测得此物体的总能量为_____。

22-12 一个电子以 $0.99c$ 的速率运动,电子的静止质量为 9.11×10^{-31} kg,则电子的总能量是_____J,电子的经典力学的动能与相对论动能之比是_____。

22-13 一体积为 V_0、质量为 m_0 的立方体沿其一棱的方向相对于观察者 A 以速度 v 运动。观察者 A 测得其密度是多少?为什么?

22-14 质子在加速器中被加速,当其动能为静止能量的 4 倍时,其质量为静止质量的_____。

A. 4 倍   B. 5 倍   C. 6 倍   D. 8 倍

第 23 章   波 粒 二 象 性

【基本要求】

(1) 理解光电效应和康普顿效应的实验规律，以及爱因斯坦对这两个效应的解释。

(2) 理解光的波粒二象性。

(3) 了解德布罗意的物质波假设及其正确性的实验证实。

(4) 理解描述物质波动性的物理量（波长、频率）和粒子性的物理量（动量、能量）间的关系。

(5) 了解波函数及其统计解释，了解一维坐标动量的不确定关系。

【内容提要】

1. 黑体辐射

黑体辐射是指能量按频率的分布随温度改变的电磁辐射。

(1) 斯特藩－玻耳兹曼定律：黑体的总辐出度与黑体温度的四次方成正比。

$$M(T) = \sigma T^4$$

式中，$\sigma = 5.67 \times 10^{-8} \ \mathrm{W \cdot m^{-2} \cdot K^{-1}}$。

(2) 维恩位移定律：黑体辐射最强的波长 λ_m（峰值波长）与黑体温度 T 成反比。

$$\lambda_m T = b$$

式中，$b = 2.897756 \times 10^{-3} \ \mathrm{m \cdot K}$。

(3) 普朗克的能量子假设：谐振子吸收或发射的能量 E 是不连续的，只能取一定的分立值，吸收或发射的最小基本能量单元为一个能量子，每个能量子都具有能量。

(4) 普朗克黑体辐射公式：

$$M_\nu(T)\mathrm{d}\nu = \frac{2\pi h\nu^3}{c^2} \frac{\mathrm{d}\nu}{\mathrm{e}^{h\nu/(kT)} - 1}$$

式中，$h = 6.63 \times 10^{-34} \ \mathrm{J \cdot s}$，是一个与任何物质无关的普适常数，称为"普朗克常量"；ν 为频率。

2. 光电效应

金属及其化合物在电磁辐射下发射电子的现象称为光电效应，所发射的电子称为光电子，逸出电子在加速电场的作用下飞向阳极而形成的电流（i）称为光电流。

(1) 光电效应实验规律

① 饱和光电流强度 i_s 与入射光的强度成正比。

② 光电子的最大初动能随入射光频率的增加而增加，与入射光的强度无关。

当极板之间的电压 $U=0$ 时，光电流 i 并不等于零；当反向电压达到一定的值 $U=-U_0$ 时，电流 i 才为零，U_0 称为遏止电压(或称截止电压)。此时电场力对电子做功，由动能定理得 $-eU_0=0-\frac{1}{2}mv^2$，即 $eU_0=\frac{1}{2}mv^2=E_k$。实验指出遏止电压 U_0 随入射光频率增加而增加，因此光电子的最大初动能 E_k 随入射光频率增加而增加。

③ 截止频率或红限频率：给定一种金属，只有当入射光的频率 ν 大于一定的频率 ν_0 时，才会产生光电效应。频率 ν_0 称为这种金属的截止频率或红限频率。

④ 光电效应是瞬时发生的。

（2）爱因斯坦的光量子论

爱因斯坦把普朗克光量子的概念应用到光电效应，根据能量守恒建立了光电效应方程，并解释了光电效应。他指出，光可以看成是由微粒构成的粒子流，这些粒子叫光量子（简称光子）。每一个光子的能量 $\varepsilon=h\nu$，每个光子的动量 $p=\frac{h}{\lambda}$。用一定强度 I、频率 ν 的入射光照射阴极，单位时间内将有确定的能量 E 照射到金属的单位表面上，这个能量只能是光子能量 $h\nu$ 的整数倍，即 $I=nh\nu$（n 为光子数密度）。光子一对一地与金属中的电子相互作用，电子得到了光子的全部能量 $h\nu$，然后光子也就不存在了。

（3）爱因斯坦光电效应方程

$$h\nu=\frac{1}{2}mv^2+A$$

光子能量 $h\nu$，一部分作为摆脱金属束缚的逸出功 A 而消耗，另一部分转化为电子的初动能 $\frac{1}{2}mv^2$。只有当电子获得的能量 $h\nu$ 大于逸出功 A 时，也即入射光的频率 ν 大于红限频率 $\nu_0=\frac{A}{h}$ 时，才会出现光电效应。对于一定频率 ν 的入射光，光强 I 越大则光子数越多，产生的光电子就越多，饱和电流 i_S 就越大。

思考：根据爱因斯坦的假设，光子永远不能分裂，一个光子的能量只能给一个电子，可是一个电子为什么不能吸收两个或两个以上的光子呢？光子和电子必须是一对一吗？

3. 康普顿效应

被散射后的 X 射线包含两种不同波长的成分：一种与入射 X 射线的波长相同；另一种比原来入射的 X 射线的波长变长，这种波长变长的散射称为康普顿散射。

（1）康普顿散射公式

① 模型：X 射线光子与静止的自由电子发生弹性碰撞。与能量很大的入射 X 光子相比，原子中结合较弱的电子近似为"静止"的"自由"电子。

② 康普顿散射公式

碰撞过程能量守恒：

$$\frac{hc}{\lambda}+m_0c^2=\frac{hc}{\lambda'}+mc^2$$

碰撞过程动量守恒：

x 轴方向：$\frac{h}{\lambda}=\left(\frac{h}{\lambda'}\right)\cos\varphi+p\cos\theta$

y 轴方向：$0 = \left(\dfrac{h}{\lambda'}\right)\sin\varphi - p\,\sin\theta$

可得康普顿散射公式：

$$\Delta\lambda = \lambda' - \lambda = \dfrac{h}{m_0 c}(1 - \cos\varphi)$$

式中，$\lambda_c = \dfrac{h}{m_0 c} = 0.0024262$ nm 称为康普顿波长，与散射物质的种类无关。通常取 $\lambda_c = 0.0024$ nm。

（2）康普顿散射实验的意义

① 证实了爱因斯坦提出的"光量子具有动量"的假设。

② 证实了在微观的单个碰撞事件中，动量和能量守恒定律仍然是成立的。

（3）光电效应和康普顿效应的区别

二者都包含了电子与光子的相互作用过程，但是光电效应是吸收光子的过程，康普顿效应相当于光子和电子的弹性碰撞过程。

4．实物粒子的波动性

（1）光的波粒二象性

光的干涉和衍射现象表明了光具有波动性，光电效应和康普顿散射表明了光具有粒子性。频率为 ν、波长为 λ 的光波对应的光子的能量为 $\varepsilon = h\nu$，动量为 $p = \dfrac{h}{\lambda}$，光子的质量为

$m = \dfrac{\varepsilon}{c^2} = \dfrac{h\nu}{c^2}$。

（2）德布罗意物质波假设

不仅光具有粒子和波动两种性质，实物粒子也具有这两种性质。描述粒子性质的能量 E 和动量 p 的关系以及描述波动性质的频率和波长 λ 之间的关系与光子一样，

$$E = mc^2 = h\nu, \qquad p = mv = \dfrac{h}{\lambda}$$

式中，m、v 分别是实物粒子的动质量和速度。上两式都称为德布罗意公式，和实物粒子相联系的波称为物质波或德布罗意波，其波长称为德布罗意波长。

（3）实物粒子的波粒二象性

在经典力学中，所谓"粒子"是指该客体既具有一定的质量和电荷等属性（即物质的"颗粒性"或"原子性"），又具有一定的位置和一条确切的运动轨迹（即客体在每一时刻有一定的位置和速度或动量）；而所谓"波动"是指某种实在的物理量的空间分布作周期性的变化，并呈现出干涉和衍射等反映相干叠加性的现象。显然，在经典概念下，粒子性和波动性是很难统一到一个客体上去的，经典物理中没有波粒二象性。然而，大量实验表明，不但是电磁波，就是像电子、中子、质子和原子这样的物质粒子，都具有粒子性和波动性这两个方面的性质（衍射图样可证实波动性）。

5．波函数及其统计解释

（1）波函数

1925 年，薛定锷提出了描述物质波的波函数。能量为 E、动量为 p 的自由粒子沿 x 方向运动时，对应的物质波是单色平面波，波函数为

$$\psi(x, t) = \psi_0 e^{-\frac{i}{\hbar}(Et - px)}$$

式中，$\hbar = \dfrac{h}{2\pi}$。

如果粒子作三维自由运动，则波函数可表示为

$$\Psi(\boldsymbol{r}, t) = \psi_0 e^{\frac{-i}{\hbar}(Et - \boldsymbol{p} \cdot \boldsymbol{r})} = \psi(\boldsymbol{r}) e^{\frac{-i}{\hbar}Et}$$

（2）波函数的统计解释

1926 年德国物理学家玻恩提出，德布罗意波或薛定谔方程中的波函数并不像经典波那样代表什么实在的物理量的波动，而是刻画粒子在空间的概率分布的概率波，从而赋予了量子概念下的粒子性和波动性以统一、明确的含义。

① 波函数 $\psi(\boldsymbol{r}, t)$ 本身没有直接的物理意义。

② 对于中心点的坐标为 (x, y, z) 的小体积元 $\mathrm{d}V = \mathrm{d}x\,\mathrm{d}y\,\mathrm{d}z$，粒子处于该小体积元内的概率 $\mathrm{d}P = |\psi(x, y, z)|^2\,\mathrm{d}V$，$|\psi(x, y, z)|^2$ 称为概率密度。

③ 波函数满足归一化条件 $\displaystyle\int_\Omega |\psi(\boldsymbol{r}, t)|^2\,\mathrm{d}V = 1$。对于概率分布来说，重要的是相对概率分布。如果 C 是常数（可以是复数），则波函数 $\psi(\boldsymbol{r})$ 与波函数 $C\psi(\boldsymbol{r})$ 所描述的相对概率分布是完全相同的，因为在空间任意两点 $\boldsymbol{r}_1$ 和 $\boldsymbol{r}_2$ 处，总有 $\dfrac{|C\psi(\boldsymbol{r}_1)|^2}{|C\psi(\boldsymbol{r}_2)|^2} = \dfrac{|\psi(\boldsymbol{r}_1)|^2}{|\psi(\boldsymbol{r}_2)|^2}$。这就是说，$\psi(\boldsymbol{r})$ 与 $C\psi(\boldsymbol{r})$ 所描写的是同一个概率波，波函数有一个因子的不确定性。在这一点上，概率波与经典波有着本质的差别。一个经典波的振幅不同，波的能量也不同，代表完全不同的波动状态。因此，经典波根本谈不上归一化，而概率波却可以归一化。

④ 波函数的标准条件：单值、有限、连续。不符合标准条件的波函数没有物理意义。

玻恩提出的波函数的概率诠释，是量子力学的基本原理之一。

6. 不确定关系

由于运动粒子的波粒二象性，在任意时刻粒子的位置和动量都有一个不确定的量。1927 年海森伯给出如下不确定关系：

位置动量不确定关系：$\Delta x \Delta p_x \geqslant \dfrac{\hbar}{2} \left(\Delta y \Delta p_y \geqslant \dfrac{\hbar}{2}, \ \Delta z \Delta p_z \geqslant \dfrac{\hbar}{2} \right)$

能量时间不确定关系：$\Delta E \Delta t \geqslant \dfrac{\hbar}{2}$

注意以下几点：

（1）此关系完全来自物质的二象性，由物质的本性所决定，与实验技术或仪器的精度无关。

（2）不确定关系对任何物体都成立。

【例题精讲】

例 23 - 1　关于光电效应，下列说法中正确的是 _____。

A. 任何波长的可见光照射到任何金属表面都能产生光电效应

B. 若入射光的频率均大于一给定金属的红限，则该金属分别受到不同频率的光照射时，释出的光电子的最大初动能也不同

C. 若入射光的频率均大于一给定金属的红限，则该金属分别受到不同频率、相等强度的光照射时，单位时间释出的光电子数一定相等

D. 若入射光的频率均大于一给定金属的红限，则当入射光频率不变而强度增大一倍时，该金属的饱和光电流也增大一倍

例 23 - 2 已知某金属的逸出功为 A，用频率为 ν 的光照射能产生光电效应，则该金属的红限频率 $\nu_0 =$ _____，$\nu > \nu_0$，遏止电势差 $|U_a| =$ _____。

例 23 - 3 金属的光电效应的红限依赖于 _____。

A. 入射光的频率   B. 入射光的强度

C. 金属的逸出功   D. 入射光的频率和金属的逸出功

例 23 - 4 保持光电管上电势差不变，若入射的单色光光强增大，则从阴极逸出的光电子的最大初动能 E_0 和飞到阳极的电子的最大动能 E_k 的变化分别是 _____。

A. E_0 增大，E_k 增大   B. E_0 不变，E_k 变小

C. E_0 增大，E_k 不变   D. E_0 不变，E_k 不变

例 23 - 5 设用频率为 ν_1 和 ν_2 的两种单色光，先后照射同一种金属均能产生光电效应。已知金属的红限频率为 ν_0，测得两次照射时的遏止电压 $|U_{a2}| = 2|U_{a1}|$，则这两种单色光的频率 _____。

A. $\nu_2 = \nu_1 - \nu_0$ B. $\nu_2 = \nu_1 + \nu_0$

C. $\nu_2 = 2\nu_1 - \nu_0$ D. $\nu_2 = \nu_1 - 2\nu_0$

例 23 - 6 以一定频率的单色光照射在某种金属上，测出其光电流曲线在图中用实线表示，然后：（1）保持照射光的强度不变，增大频率；（2）保持照射光的频率不变，增大强度。测出其光电流曲线分别在图(1)、(2)中用虚线表示。满足题意的图，(1)是 _____，(2)是 _____。

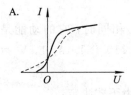 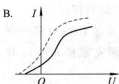 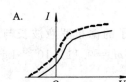 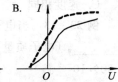

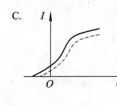 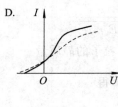 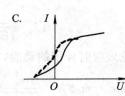 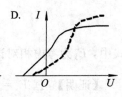

(1)   (2)

例 23 - 6 图

例 23 - 7 用频率为 ν_1 的单色光照射某种金属时，测得饱和电流为 I_1，以频率为 ν_2 的单色光照射该金属时，测得饱和电流为 I_2，若 $I_1 > I_2$，则 _____。

A. $\nu_1 > \nu_2$ B. $\nu_1 < \nu_2$

C. $\nu_1 = \nu_2$ D. ν_1 与 ν_2 的关系还不能确定

例 23 - 8   以下材料的功函数(逸出功)各为：铍 3.9 eV，钯 5.04 eV，铯 1.9 eV，钨 4.5 eV。今要制造能在可见光(频率范围为 3.9×10^{14} Hz～7.5×10^{14} Hz)下工作的光电管，在这些材料中应选_____。

A 钨   B. 钯   C. 铯   D. 铍

例 23 - 9   光电效应和康普顿效应都包含有电子与光子的相互作用过程。对此，在以下几种理解中，正确的是_____。

A. 两种效应中电子与光子两者组成的系统都服从动量守恒定律和能量守恒定律

B. 两种效应都相当于电子与光子的弹性碰撞过程

C. 两种效应都属于电子吸收光子的过程

D. 光电效应是吸收光子的过程，而康普顿效应则相当于光子和电子的弹性碰撞过程

例 23 - 10   用 X 射线照射物质时，可以观察到康普顿效应，即在偏离入射光的各个方向上观察到散射光，这种散射光中_____。

A. 只包含有与入射光波长相同的成分

B. 既有与入射光波长相同的成分，也有波长变长的成分，波长的变化只与散射方向有关，与散射物质无关

C. 既有与入射光相同的成分，也有波长变长的成分和波长变短的成分，波长的变化既与散射方向有关，也与散射物质有关

D. 只包含着波长变长的成分，其波长的变化只与散射物质有关与散射方向无关

例 23 - 11   在 X 射线散射实验中，散射角为 $\varphi_1 = 45°$ 和 $\varphi_2 = 60°$ 的散射光波长改变量之比 $\Delta\lambda_1 : \Delta\lambda_2 =$ _____。

例 23 - 12   如果两种不同质量的粒子，其德布罗意波长相同，则这两种粒子的_____。

A. 动量相同   B. 能量相同

C. 速度相同   D. 动能相同

例 23 - 13   当电子的德布罗意波长与可见光波长($\lambda = 5500$ Å)相同时，它的动能是_____。(电子质量 $m_e = 9.11 \times 10^{-31}$ kg，普朗克常量 $h = 6.63 \times 10^{-34}$ J·s，1 eV $= 1.60 \times 10^{-19}$ J)

例 23 - 14   考虑到相对论效应，证明实物粒子的德布罗意波长由下式决定：

$$\lambda = \frac{hc}{\sqrt{E_k^2 + 2E_k m_0 c^2}}$$

式中，E_k 为考虑相对论效应时粒子的动能，m_0 为粒子的静质量。

【证明】   据 $E_k = mc^2 - m_0 c^2 = \dfrac{m_0 c^2}{\sqrt{1 - \dfrac{v^2}{c^2}}} - m_0 c^2$ 得

$$m = \frac{E_k + m_0 c^2}{c^2}$$

$$1 - \frac{v^2}{c^2} = \left(\frac{m_0 c^2}{E_k + m_0 c^2}\right)^2$$

$$v = \frac{c \sqrt{E_k^2 + 2E_k m_0 c^2}}{E_k + m_0 c^2}$$

所以
$$\lambda = \frac{h}{mv} = \frac{hc}{\sqrt{E_k^2 + 2E_k m_0 c^2}}$$

例 23 - 15　电子显微镜中的电子从静止开始通过电势差为 U 的静电场加速后，其德布罗意波长是 0.4 Å，则 U 约为 ＿＿＿＿＿ 。($h = 6.63 \times 10^{-34}$ J·s，1 Å $= 1 \times 10^{-10}$ m)

例 23 - 16　静止质量不为零的微观粒子作高速运动，这时粒子物质波的波长 λ 与速度 v 有如下关系＿＿＿＿＿。

A. $\lambda \propto v$

B. $\lambda \propto \dfrac{1}{v}$

C. $\lambda \propto \sqrt{\dfrac{1}{v^2} - \dfrac{1}{c^2}}$

D. $\lambda \propto \sqrt{c^2 - v^2}$

例 23 - 17　若令 $\lambda_c = h/(m_e c)$（λ_c 称为电子的康普顿波长，其中 m_e 为电子静止质量，c 为光速，h 为普朗克恒量）。当电子的动能等于它的静止能量时，它的德布罗意波长是 $\lambda = $ ＿＿＿＿＿ λ_c。

例 23 - 18　如图所示，一束动量为 p 的电子，通过缝宽为 a 的狭缝，在距离狭缝为 R 处放置一荧光屏，屏上衍射图样中央最大的宽度 d 等于＿＿＿＿＿。

A. $\dfrac{2a^2}{R}$

B. $\dfrac{2ha}{p}$

C. $\dfrac{2ha}{Rp}$

D. $\dfrac{2Rh}{ap}$

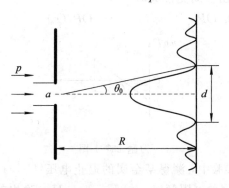

例 23 - 18 图

例 23 - 19　机械波的振幅，电磁波的振幅和物质波的振幅分别代表什么意义？

【答】　机械波的振幅是质点振动的最大位移。电磁波的振幅是电场强度矢量的最大值和磁场强度矢量的最大值。物质波的振幅是波函数的振幅。物质波振幅绝对值平方 $|\Psi_0(x, y, z)|^2$ 表示粒子在 (x, y, z) 点处单位体积内出现的几率，称为几率密度。

例 23 - 20　德布罗意波的波函数与经典波的波函数的本质区别是＿＿＿＿＿。

例 23 - 21　关于不确定关系 $\Delta x \cdot \Delta p_x \geqslant \dfrac{\hbar}{2}$（$\hbar = h/(2\pi)$）有以下几种理解，其中正确的是＿＿＿＿＿。

A. 粒子的动量不可能确定

B. 粒子的坐标不可能确定

C. 粒子的动量和坐标不可能同时确定

D. 不确定关系不仅适用于电子和光子，也适用于其他粒子

例 23-22 如果电子被限制在边界 x 与 $x+\Delta x$ 之间，$\Delta x=0.5$ Å，则电子动量 x 分量的不确定量近似地为_____ kg·m/s。（不确定关系式 $\Delta x \cdot \Delta p \geqslant h$，普朗克常量 $h=6.63\times10^{-34}$ J·s）

例 23-23 用经典力学的物理量（例如坐标、动量等）描述微观粒子的运动时，存在什么问题？原因何在？

【答】 用经典力学的物理量例如坐标、动量等只能在一定程度内近似的描述微观粒子的运动，坐标 x 和动量 p_x 存在不确定量 Δx 和 Δp_x，它们之间必须满足不确定关系式 $\Delta x \cdot \Delta p_x \geqslant h$。这是由于微观粒子具有波粒二象性的缘故。

例 23-24 波长 $\lambda=5000$ Å 的光沿 x 轴正向传播，若光的波长的不确定量 $\Delta\lambda=10^{-3}$ Å，则利用不确定关系式 $\Delta x \cdot \Delta p_x \geqslant h$ 可得光子的 x 坐标的不确定量至少为_____。
A. 25 cm   B. 50 cm   C. 250 cm   D. 500 cm

例 23-25 设描述微观粒子运动的波函数为 $\psi(\boldsymbol{r}, t)$，则 $\psi^* \psi$ 表示_____；$\psi(\boldsymbol{r}, t)$ 须满足的条件是_____；其归一化条件是_____。

【习题精练】

23-1 光电效应中发射的光电子初动能随入射光频率 ν 的变化关系如图所示。由图中的_____可以直接求出普朗克常量。
A. OQ B. OP C. OP/OQ D. QS/OS

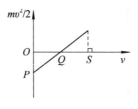

习题 23-1 图

23-2 在光电效应实验中，测得某金属的遏止电压 $|U_a|$ 与入射光频率 ν 的关系曲线如图所示，由此可知该金属的红限频率 $\nu_0=$_____ Hz；逸出功 $A=$_____ eV。

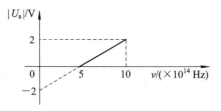

习题 23-2 图

23-3 光子波长为 λ，则其能量 =_____；动量的大小 =_____；质量 =_____。

23-4 某金属产生光电效应的红限波长为 λ_0，今以波长为 $\lambda(\lambda<\lambda_0)$ 的单色光照射该金属，金属释放出的电子（质量为 m_e）的动量大小为_____。

A. h/λ B. h/λ_0 C. $\sqrt{\dfrac{2m_ehc(\lambda_0+\lambda)}{\lambda\lambda_0}}$

D. $\sqrt{\dfrac{2m_ehc}{\lambda_0}}$ E. $\sqrt{\dfrac{2m_ehc(\lambda_0-\lambda)}{\lambda\lambda_0}}$

23-5 已知从铝金属逸出一个电子至少需要 $A = 4.2$ eV 的能量,若用可见光投射到铝的表面,能否产生光电效应?为什么?(普朗克常量 $h = 6.63\times10^{-34}$ J·s,基本电荷 $e = 1.60\times10^{-19}$ C)

23-6 用强度为 I,波长为 λ 的 X 射线(伦琴射线)分别照射锂($Z=3$)和铁($Z=26$)。若在同一散射角下测得康普顿散射的 X 射线波长分别为 λ_{Li} 和 λ_{Fe}(λ_{Li},$\lambda_{Fe}>\lambda$),它们对应的强度分别为 I_{Li} 和 I_{Fe},则_____。

A. $\lambda_{Li}>\lambda_{Fe}$,$I_{Li}<I_{Fe}$ B. $\lambda_{Li}=\lambda_{Fe}$,$I_{Li}=I_{Fe}$

C. $\lambda_{Li}=\lambda_{Fe}$,$I_{Li}>I_{Fe}$ D. $\lambda_{Li}<\lambda_{Fe}$,$I_{Li}>I_{Fe}$

23-7 如图所示,一频率为 ν 的入射光子与起始静止的自由电子发生碰撞和散射。如果散射光子的频率为 ν',反冲电子的动量为 p,则在与入射光子平行的方向上的动量守恒定律的分量形式为_____。

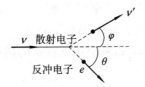

习题 23-7 图

23-8 若不考虑相对论效应,则波长为 550 nm 的电子的动能是多少 eV?
(普朗克常量 $h = 6.63\times10^{-34}$ J·s,电子静止质量 $m_e = 9.11\times10^{-31}$ kg)

23-9 若 α 粒子(电量为 $2e$)在磁感应强度为 B 的均匀磁场中沿半径为 R 的圆形轨道运动。

(1) 求 α 粒子的德布罗意波长。

(2) 若 $B=0.025$ T,$R=0.83$ cm,试计算其德布罗意波长。

(3) 若使质量 $m=0.1$ g 的小球以与 α 粒子相同的速率运动,则其波长为多少?
(α 粒子的质量 $m_\alpha = 6.64\times10^{-27}$ kg,普朗克常量 $h = 6.63\times10^{-34}$ J·s)

23-10 质量为 m_e 的电子经电势差为 U_{12} 的静电场加速后,求:

(1) 考虑相对论效应,其德布罗意波长 λ 为多少?

(2) 不考虑相对论效应,其德布罗意波长 λ' 为多少?

(3) 如果 $U_{12} = 100$ kV,则上述两波长各为多少?相对误差是多少?
(电子静止质量 $m_e = 9.11\times10^{-31}$ kg,普朗克常量 $h = 6.63\times10^{-34}$ J·s,$e = 1.60\times10^{-19}$ C)

23-11 为使电子的德布罗意波长为 0.1 nm,需要的加速电压为_____。
($m_e = 9.11\times10^{-31}$ kg)

23-12 设质量为 m 的氢原子的动能等于它处于温度为 T 的热平衡状态时的平均动能,那么此氢原子的德布罗意波为_____。质量 $m=1.67\times10^{-27}$ kg 的中子,当它的动

能等于温度为 $T=300$ K 的热平衡中子气体的平均动能时，其德布罗意波长为_____。

23-13 设粒子运动的波函数图线分别如图所示，水平向右为 x 轴正方向，若用位置和动量描述它们的运动状态，那么其中确定粒子动量的精确度最高的波函数是_____；粒子位置的不确定量较大的是_____；粒子的动量不确定量较大的是_____。为什么？

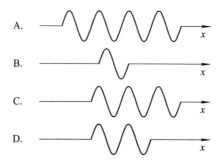

习题 23-13 图

23-14 一维运动的粒子，设其动量的不确定量等于它的动量，试求此粒子的位置不确定量与它的德布罗意波长的关系。（不确定关系式 $\Delta p_x \Delta x \geqslant h$）

23-15 根据海森堡不确定关系 $\Delta x \cdot \Delta p_x \geqslant h$：

（1）光子的波长为 $\lambda=300$ nm，如果确定此波长的精确度 $\Delta\lambda/\lambda=10^{-6}$，试求此光子位置的不确定量。

（2）同时测量能量为 1 keV 的作一维运动的电子的位置与动量时，若位置的不确定值在 0.1 nm（1 nm$=10^{-9}$ m）内，则动量的不确定值的百分比 $\Delta P/P$ 至少为何值？

23-16 试证：如果确定一个低速运动粒子的位置，其不确定量等于这粒子的德布罗意波长，则同时确定这粒子的速度时，其不确定量将等于这粒子的速度。（不确定关系式 $\Delta x \cdot \Delta \Gamma_x \geqslant h$）

23-17 将波函数在空间各点的振幅同时增大 D 倍，则粒子在空间的分布几率将_____。

A. 不变
B. 增大 D^2 倍
C. 增大 $2D$ 倍
D. 增大 D 倍

第 24 章　薛定谔方程

【基本要求】

(1) 了解定态薛定谔方程。

(2) 了解量子力学对一维无限深方势阱中的粒子、势垒穿透、谐振子的解释。

【内容提要】

1. 薛定锷方程(非相对论情况)

对于质量为 m、动量为 p、能量为 E 的自由粒子,在非相对论情况下有 $E = p^2/2m$,其自由粒子的薛定谔方程为

$$i\hbar \frac{\partial}{\partial t}\Psi(\boldsymbol{r},\ t) = -\frac{\hbar^2}{2m}\nabla^2\Psi(\boldsymbol{r},\ t)$$

如果粒子在势场 $U(\boldsymbol{r})$ 中运动,则薛定谔方程为

$$i\hbar \frac{\partial}{\partial t}\Psi(\boldsymbol{r},\ t) = \left[-\frac{\hbar^2}{2m}\nabla^2 + U(\boldsymbol{r})\right]\Psi(\boldsymbol{r},\ t)$$

如果势能 $U(\boldsymbol{r})$ 不显含时间 t,机械能守恒,则用分离变量法可求得定态薛定谔方程为

$$\left[-\frac{\hbar^2}{2m}\nabla^2 + U(\boldsymbol{r})\right]\psi(\boldsymbol{r}) = E\psi(\boldsymbol{r})$$

式中,$\Psi(\boldsymbol{r})$ 称为定态波函数,该波函数所描写的量子态称为定态。

如果粒子在一维空间运动,可得一维定态薛定谔方程:

$$\frac{\mathrm{d}^2\psi(x)}{\mathrm{d}x^2} + \frac{2m}{\hbar^2}[E - U(x)]\psi(x) = 0$$

2. 一维定态薛定谔方程的应用

用定态薛定谔方程处理一维问题,可通过一些简单的例子体现量子体系的许多特征。

(1) 一维无限深势阱中的粒子

能量量子化的能级公式(本征值):

$$E_n = \frac{\pi^2\hbar^2}{2ma^2}n^2, \quad n = 1,\ 2,\ 3,\ \cdots$$

波函数表达式(本征函数):

$$\psi_n = \sqrt{\frac{2}{a}}\sin\frac{n\pi}{a}x, \quad n = 1,\ 2,\ 3,\ \cdots$$

由于粒子具有最低能级不为零的零点能,因此概率密度分布不均匀。

(2) 势垒穿透

微观粒子可以进入其势能(有限的)大于其总能量的区域，这是由不确定关系决定的。在势垒有限的情况下，粒子可以穿过势垒到达另一侧，这种现象又称隧道效应。

（3）线性谐振子

粒子在势能为 $U(x) = \dfrac{1}{2} m\omega^2 x^2$ 的一维空间中运动时，能量量子化的能级公式为

$$E_n = \left(n + \frac{1}{2}\right) h\nu, \quad n = 1, 2, 3, \cdots$$

线性谐振子的基态能量(零点能)也不为零。

【例题精讲】

例 24 - 1 已知粒子在无限深势阱中运动，其波函数为 $\psi(x) = \sqrt{2/a}\,\sin(\pi x/a)$，$(0 \leqslant x \leqslant a)$。试求发现粒子几率最大的位置。

【解】 粒子的位置几率密度 $|\Psi(x)|^2 = \dfrac{2}{a}\,\sin^2\dfrac{\pi x}{a} = \dfrac{2}{2a}\left(1 - \cos\dfrac{2\pi x}{a}\right)$；当 $\cos\dfrac{2\pi x}{a} = -1$ 时 $|\Psi(x)|^2$ 有最大值，在 $0 \leqslant x \leqslant a$ 范围内可得 $\dfrac{2\pi x}{a} = \pi$，所以 $x = \dfrac{a}{2}$。

例 24 - 2 在一维无限深势阱中运动的粒子，由于边界条件的限制，势阱宽度 d 必须等于德布罗意波半波长的整数倍。试利用这一条件导出能量量子化公式

$$E_n = n^2 \cdot h^2/(8md^2), \quad n = 1, 2, 3, \cdots$$

提示：非相对论的动能和动量的关系 $E_k = p^2/(2m)$。

【解】 由题意知 $d = n\dfrac{\lambda}{2}$，即 $\lambda = \dfrac{2d}{n}$，其中 $n = 1, 2, 3\cdots$。德布罗意波长 $\lambda = \dfrac{h}{p}$，因此粒子的动量为 $p = \dfrac{h}{\lambda} = \dfrac{h}{2d/n} = \dfrac{nh}{2d}$。在势阱中运动的粒子，势能 $U(x) = 0$，因此能量 $E = E_k = \dfrac{p^2}{2m}$。所以 $E_n = E_k = \dfrac{\left(\dfrac{nh}{2d}\right)^2}{2m} = \dfrac{n^2 h^2}{8md^2}$，$n = 1, 2, 3\cdots$。得证。

【习题精练】

已知粒子在一维矩形无限深势阱中运动：

（1）波函数为 $\psi(x) = \dfrac{1}{\sqrt{a}} \cdot \cos\dfrac{3\pi x}{2a}$，$(-a \leqslant x \leqslant a)$，那么粒子在 $x = 5a/6$ 处出现的几率密度为_____。

（2）波函数为 $\psi_n(x) = \sqrt{2/a}\,\sin(n\pi x/a)$，$(0 \leqslant x \leqslant a)$。若粒子处于 $n = 1$ 的状态，则在 $0 \sim a/4$ 区间发现该粒子的几率是多少？

提示：$\displaystyle\int \sin^2 x\,\mathrm{d}x = \frac{1}{2}x - (1/4)\sin 2x + C$

第 25 章　原子中的电子

【基本要求】

（1）理解氢原子光谱的规律。

（2）了解能量量子化、角动量量子化及空间量子化，了解施特恩－盖拉赫实验及微观粒子的自旋。

（3）了解描述原子中电子运动状态的 4 个量子数，了解泡利不相容原理和原子的电子壳层结构。

【内容提要】

1. 氢原子光谱

原子或分子的结构可通过光与物质的相互作用所发出的光谱来研究。光谱可分为三种：线光谱由原子发出；带光谱由分子发出，在分辨率更高的摄谱仪中，带光谱也是线状的；连续光谱是由空腔（黑体）发出的光辐射，光谱是所有波长的各色光组成的连续光谱。

线光谱是原子所发射的，每一种元素都发射表征它自己特征的光谱，称之为该元素的特征光谱。物质的线型谱是唯一的，可用来鉴别物质的成分，提供结构的有关信息。原子光谱还按照一定的规律组成若干线系，这些线系的规律与原子内部电子的分布情况及其运动规律密切相关。

氢原子光谱的广义巴耳末公式：

$$\nu = R_H \left(\frac{1}{m^2} - \frac{1}{n^2} \right), \quad m < n, \, m = 1, \, 2, \, 3, \, \cdots$$

式中，每一个 m 值对应于一个线系，$m = 1$ 为莱曼系，$m = 3$ 为帕邢系，$m = 4$ 为布拉开系……对于每一个确定的 m 值，有 $n = m+1, \, m+2, \, \cdots$。$T(m) = \dfrac{R_H}{m^2}$、$T(n) = \dfrac{R_H}{n^2}$ 称为光谱项，$T(m) = \dfrac{R_H}{m^2}$ 为不动项，决定谱线所在线系，$T(n) = \dfrac{R_H}{n^2}$ 为动项，决定谱线在线系中的位置。

2. 四个量子数

（1）氢原子能量 E_n 的量子化和主量子数 n

氢原子量子化的能级公式：

$$E_n = -\frac{1}{n^2} \left(\frac{me^4}{8\varepsilon_o^2 h^2} \right) = E_1 / n^2$$

式中，$n = 1, \, 2, \, 3, \, \cdots$ 称为主量子数，$E_1 = -13.6 \text{ eV}$。$n = 1$ 时氢原子处于基态，$n > 1$ 时处

于激发态。把电子从氢原子的 $n=1$ 态移至 $n=\infty$ 态所需的能量值称为电离能，氢原子基态电离能为 13.6 eV。

（2）电子轨道角动量 L 的量子化和轨道角量子数 l

电子轨道角动量 L 的量子化条件：

$$L = \frac{h}{2\pi}\sqrt{l(l+1)} = \sqrt{l(l+1)}\hbar$$

式中，l 称为轨道角量子数（$l=0,1,2,\cdots,n-1$），取值受到主量子数 n 的限制。与能量一样，氢原子中电子的轨道角动量也是量子化的，不能取任意值。

（3）轨道角动量空间取向 L_z 的量子化和轨道磁量子数 m_l

电子轨道角动量 L 的空间取向 L_z 的量子化条件：

$$L_z = m_l\hbar$$

式中，$m_l=0,\pm1,\pm2,\cdots,\pm l$ 称为轨道磁量子数，它的取值受到角量子数 l 的限制，对于给定的 l，只能取 $0,\pm1,\pm2,\cdots,\pm l$ 等 $2l+1$ 个值。

（4）电子自旋角动量 $\boldsymbol{S}$ 的量子化和自旋磁量子数 m_s

电子自旋角动量 $\boldsymbol{S}$ 的大小是量子化的，而且只能取一个值

$$\boldsymbol{S} = h/(2\pi)\sqrt{s(s+1)} = \sqrt{s(s+1)}\hbar$$

式中，s 称为自旋量子数，只能取一个值 $s=\frac{1}{2}$，即电子自旋角动量 $\boldsymbol{S}$ 的大小为 $S=\hbar\sqrt{\frac{3}{4}}$。

我们常把这一结果表达为：电子的自旋为 $\frac{1}{2}$。

电子自旋角动量 $\boldsymbol{S}$ 在外磁场方向（z 方向）上的投影 S_z 也是量子化的，只能取两个值：

$$S_z = m_s\hbar$$

式中，$m_s=\pm\frac{1}{2}$ 称为自旋磁量子数，不管别的量子数取什么值，自旋磁量子数 m_s 所能取的可能值不是 $-\frac{1}{2}$ 就是 $+\frac{1}{2}$。

原子在能级为 E_n 和 E_m 的两个定态之间跃迁时，发射或吸收的电磁辐射的频率 ν，由玻尔频率条件给出：$h\nu = |E_n - E_m|$。

根据量子力学理论，氢原子中电子的运动状态可用 n、l、m_l、m_s 四个量子数来描述。主量子数 n 大体上确定原子中电子的能量。轨道角量子数 l 确定电子轨道的角动量。轨道磁量子数 m_l 确定轨道角动量在外磁场方向上的分量。自旋磁量子数 m_s 确定自旋角动量在外磁场方向上的分量。

3. 多电子原子中的电子态和电子组态

（1）泡利不相容原理

同一原子中不可能有两个或两个以上的电子处于相同的量子态，即同一原子中的任何两个电子不能有完全相同的一组量子数（n，l，m_l，m_s），见表 25－1。按照这一原理，当能量较低的状态被电子占据后，其余的电子就被迫处于能量更高的状态，这样就产生了原子形状的多样性。一个原子的基态只能是每个电子取不同的一组量子数时所构成的能量最低的态。

表 25-1　氢原子的量子数

量子数	量子化的物理量	允 许 取 值	允许取值的数目
主量子数 n	$E_n = -(13.6\ \text{eV})/n^2$	$0, 1, 2, 3, \cdots$	无限
角量子数 l	$L = \sqrt{l(l+1)}\,\hbar$	$0, 1, 2, 3, \cdots, n-1$	n
磁量子数 m_l	$L_z = m_l \hbar$	$0, \pm1, \pm2, \cdots, \pm l$	$2l+1$
自旋磁量子数 m_s	$S_z = m_s \hbar$	$\pm 1/2$	2

（2）原子的电子壳层结构

主量子数 n 相同的那些态构成一个壳层，每一个特定的壳层用一个符号来表示。在给定壳层中的各态，还可以进一步根据其轨道角动量量子数 l 分成一些亚壳层，也称为支壳层或分壳层，每一个特定的亚壳层也用一个符号来表示，见表 25-2。如 $n=3$，$l=2$ 的态是在 M 壳层的 d 亚壳层中，表示为 $3d$，而处于这个态中的电子称为 $3d$ 电子。对于多电子原子，在上标中用数字来表示亚壳层中的电子数目，如 $3d^{10}$ 表示在 $3d$ 亚壳层中共有 10 个电子。当一个原子中的每个电子的量子数 n 和 l 均被指定，就称该原子具有某一确定的电子组态。例如一价金属钠原子处于基态时的电子组态为 $1s^2 2s^2 2p^6 3s^1$。为了简便起见，一般只写出价电子，如元素 Na、Al、Ge 的电子组态分别简写成 $3s^1$、$3s^2 3p^1$、$3d^{10} 4s^2 4p^2$。用壳层和亚壳层表示的氢原子态见表 25-3。

表 25-2　壳层和亚壳层的符号

n	1	2	3	4	5	6	$\cdots$
壳层符号	K	L	M	N	O	P	$\cdots$
l	0	1	2	3	4	5	$\cdots$
亚壳层符号	s	p	d	f	g	h	$\cdots$

表 25-3　用壳层和亚壳层表示的氢原子态

n	l	m_l	m_s	壳层	壳层中的态数	亚壳层	亚壳层中的态数
1	0	0	$\pm 1/2$	K	2	$1s$	2
2	0	0	$\pm 1/2$	L	8	$2s$	2
2	1	$0, \pm1$	$\pm 1/2$			$2p$	6
3	0	0	$\pm 1/2$	M	18	$3s$	2
3	1	$0, \pm1$	$\pm 1/2$			$3p$	6
3	2	$0, \pm1, \pm2$	$\pm 1/2$			$3d$	10

（3）能量最低原理

系统的能量最低时为最稳定状态，一般情况下，系统总是自不稳定状态趋于最稳定状态。原子通常是处于稳定状态的。因此，能量最低原理指出，基态时原子中的电子排布应使原子的能量最低。换句话说，原子处于正常状态时，原子中的每个电子都要占据最低能级。原子中的电子一般是自最内层开始，向外依次填满一个又一个壳层，从而形成周期性的结构。但由于原子轨道的能量随其本身以及其他轨道的电子占据情况而变化，因此不同的原子或离子的原子轨道能级顺序可能会有所不同。在多电子原子中，电子的能量与量子数 n 和 l 有关，有时 n 较小的壳层中电子尚未填满，而在 n 较大的壳层中就开始有电子填入了。有一条经验规律：原子外层电子的能级高低可以用 $n+0.7l$ 值的大小来比较，该值越大能级越高。例如，$4s$ 能级有 $n+0.7l=4+0.7\times0=4$，而 $3d$ 能级有 $n+0.7l=3+0.7\times3=4.4$，所以 $3d$ 能级比 $4s$ 能级高，因此电子将先填入 $4s$ 能级，而后填入 $3d$ 能级。

【例题精讲】

例 25 - 1 如果静止氢原子直接通过辐射从 $n=3$ 的激发状态跃迁到基态，则氢原子的反冲速度大约是＿＿＿＿ m/s（氢原子质量 $m=1.67\times10^{-27}$ kg）。

例 25 - 2 实验发现基态氢原子可吸收能量为 12.75 eV 的光子。

（1）试问氢原子吸收该光子后将被激发到哪个能级？

（2）受激发的氢原子向低能级跃迁时，可能发出哪几条谱线？请画出能级图（定性），并将这些跃迁画在能级图上。

【解】（1）$\Delta E=Rhc\left(1-\dfrac{1}{n^2}\right)=13.6\left(1-\dfrac{1}{n^2}\right)=12.75$ eV $\qquad n=4$

（2）可以发出 λ_{41}、λ_{31}、λ_{21}、λ_{43}、λ_{42}、λ_{32} 六条谱线，能级图如图所示。

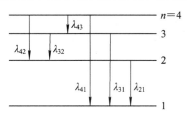

例 25 - 2 图

例 25 - 3 若用加热方法使处于基态的氢原子大量激发，那么最少要使氢原子气体的温度升高＿＿＿＿ K。（假定氢原子在碰撞过程中可交出其热运动动能的一半。）

例 25 - 4 欲使氢原子能发射巴耳末系中波长为 656.28 nm 的谱线，最少要给基态氢原子提供＿＿＿＿ eV 的能量（里德伯恒量 $R=1.096776\times10^7$ m^{-1}）。试估计处于基态的氢原子被能量为 12.09 eV 的光子激发时，其电子的轨道半径增加多少倍？

例 25 - 5 下列各组量子数中，＿＿＿＿组可以描述原子中电子的状态。

A. $n=2$, $l=2$, $m_l=0$, $m_s=\dfrac{1}{2}$ B. $n=3$, $l=1$, $m_l=-1$, $m_s=-\dfrac{1}{2}$

C. $n=1$, $l=2$, $m_l=1$, $m_s=\dfrac{1}{2}$ D. $n=1$, $l=0$, $m_l=1$, $m_s=-\dfrac{1}{2}$

例 25 - 6 根据泡利不相容原理，在主量子数 $n=4$ 的电子壳层上最多可能有的电子数为＿＿＿＿个。

例 25 - 7 电子的自旋磁量子数 m_s 只能取＿＿＿＿和＿＿＿＿两个值。

例 25 - 8 原子内电子的量子态由 n、l、m_l 及 m_s 四个量子数表征。当 n、l、m_l 一定时，不同的量子态数目为＿＿＿＿；当 n、l 一定时，不同的量子态数目为＿＿＿＿；当 n 一定时，不同的量子态数目为_____。

例 25-9 根据量子力学理论，氢原子中电子的动量矩为 $L=\sqrt{l(l+1)}\hbar$，当主量子数 $n=3$ 时，电子动量矩的可能取值为_____。电子的动量矩在外磁场方向上的投影为 $L_z=m_l\hbar$，当角量子数 $l=2$ 时，L_z 的可能取值为_____。

例 25-10 在原子的电子壳层结构中，为什么 $n=2$ 的壳层最多只能容纳 8 个电子？

【答】 泡利不相容原理指出，一个原子内不可能有两个或两个以上电子处于同一量子态。而电子在原子内的一个量子态是由四个量子数 n、l、m_l 及 m_s 描述的。这样原子内不可能有两个或两个以上电子具有相同的四个量子数。$n=2$ 时，l 可取 0、1 两个值。在 $l=0$ 时 $m_l=0$，但 m_s 仍可取 $\pm1/2$ 两个值，有两个量子态；而在 $l=1$ 时 m_l 可取 0、±1 等三个值，对应每个 m_l 值 m_s 可取 $\pm1/2$ 两个值，即在 $l=1$ 时有 6 个量子态。故 $n=2$ 的壳层总共有 8 个量子态，所以最多只能容纳 8 个电子。

例 25-11 多电子原子中，电子的排列遵循_____原理和_____原理。

例 25-12 钴($Z=27$)有两个电子在 $4s$ 态，没有其他 $n\geqslant4$ 的电子，则在 $3d$ 态的电子可有_____个。

【习题精练】

25-1 能量为 15 eV 的光子，被处于基态的氢原子吸收，使氢原子电离发射一个光电子，求此光电子的德布罗意波长。(电子的质量 $m_e=9.11\times10^{-31}$ kg，普朗克常量 $h=6.63\times10^{-34}$ J·s，1 eV $=1.60\times10^{-19}$ J)

25-2 若外来单色光把氢原子激发至第三激发态，当氢原子跃迁回低能态时发出一簇光谱线，最多可能有_____条，可见光谱线有_____条。在这些能级跃迁中，从 $n=$_____ 的能级跃迁到 $n=$_____ 的能级时所发射的光子的波长最短，其波长为_____ Å。

25-3 当氢原子从某初始状态跃迁到激发能(从基态到激发态所需的能量)为 $\Delta E=10.19$ eV 的状态时，发射出光子的波长是 $\lambda=486$ nm，试求该初始状态的能量和主量子数。(普朗克常量 $h=6.63\times10^{-34}$ J·s，1 eV $=1.60\times10^{-19}$ J)

25-4 已知氢原子光谱中有一条谱线的波长是 $\lambda=102.57$ nm，氢原子的里德伯常量 $R=109677$ cm^{-1}。试问跃迁发生在哪两个能级之间？

25-5 原子中电子的量子态可以用四个量子数来描述，指出下面正确的组态：

(1) 氢原子中处于 $3d$ 量子态的电子为_____。

A. $\left(3,1,1,-\dfrac{1}{2}\right)$ B. $\left(1,0,1,-\dfrac{1}{2}\right)$

C. $\left(2,1,2,\dfrac{1}{2}\right)$ D. $\left(3,2,0,\dfrac{1}{2}\right)$

(2) 氩($Z=18$)原子基态的电子组态是_____。

A. $1s^2 2s^8 3p^8$ B. $1s^2 2s^2 2p^6 3d^8$

C. $1s^2 2s^2 2p^6 3s^2 3p^6$ D. $1s^2 2s^2 2p^6 3s^2 3p^4 3d^2$

25-6 在以下各种情况中，填入适当的量子数，使它们可以描述原子中电子的状态：

(1) $\left(2,\underline{\quad\quad},-1,-\dfrac{1}{2}\right)$，$\left(2,0,\underline{\quad\quad},\dfrac{1}{2}\right)$，$\left(2,1,0,\underline{\quad\quad}\right)$。

（2）处于基态的氦原子内两个电子的量子态可由 _____ 和 _____ 两组量子数表征。

（3）锂（$Z=3$）原子中含有 3 个电子，电子的量子态可用（n，l，m_1，m_s）四个量子数来描述，若已知其中一个电子的量子态为 $\left(1,0,0,\dfrac{1}{2}\right)$，则其余两个电子的量子态分别为 _____ 和 _____。

25 - 7 在主量子数 $n=2$，自旋磁量子数 $m_s=\dfrac{1}{2}$ 的量子态中，能够填充的最大电子数是 _____。

模拟试卷(C 卷)

题号	一	二	三	四	五			总得分	审核人
得分									

一、选择题〔每题 3 分，共 24 分〕

1. 关于高斯定理的理解有下面几种说法，其中正确的是_____。

   A. 如果高斯面上 E 处处为零，则该面内必无电荷

   B. 如果高斯面内无电荷，则高斯面上 E 处处为零

   C. 如果高斯面上 E 处处不为零，则高斯面内必有电荷

   D. 如果高斯面内有净电荷，则通过高斯面的电场强度通量必不为零

2. 将 A、B 两块不带电的导体放在一带正电导体
的电场中，如图 C-1 所示。设无限远处为电势零点，A
的电势为 U_A，B 的电势为 U_B，则_____。

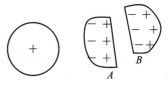

   A. $U_B > U_A \neq 0$ B. $U_B > U_A = 0$

   C. $U_B = U_A$ D. $U_B < U_A$

图 C-1

3. C_1 和 C_2 两个电容器，其上分别标明 200 pF(电
容量)、500 V(耐压值) 和 300 pF、900 V，把它们串联起来在两端加上 1000 V 电压，
则_____。

   A. C_1 被击穿，C_2 不被击穿   B. C_2 被击穿，C_1 不被击穿

   C. 两者都被击穿   D. 两者都不被击穿

4. 如图 C-2 所示，长载流导线 ab 和 cd 相互垂直，它们
相距 l，ab 固定不动，cd 能绕中点 O 转动，并能靠近或离开
ab。当电流方向如图所示时，导线 cd 将_____。

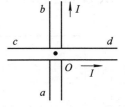

   A. 顺时针转动同时离开 ab

   B. 顺时针转动同时靠近 ab

   C. 逆时针转动同时离开 ab

   D. 逆时针转动同时靠近 ab

图 C-2

5. 在感应电场中电磁感应定律可写成 $\oint_L \boldsymbol{E}_k \cdot \mathrm{d}\boldsymbol{l} = -\dfrac{\mathrm{d}\Phi}{\mathrm{d}t}$，式中 $\boldsymbol{E}_k$ 为感应电场的电场强

度。此式表明_____。

   A. 闭合曲线 L 上 $\boldsymbol{E}_k$ 处处相等

   B. 感应电场是保守力场

   C. 感应电场的电场强度线不是闭合曲线

   D. 在感应电场中不能像对静电场那样引入电势的概念

6. 如图 C-3 所示，折射率为 n_2、厚度为 e 的透明介质薄膜的上方和下方的透明介质的折射率分别为 n_1 和 n_3，已知 $n_1 < n_2 > n_3$。若用波长为 λ 的单色平行光垂直入射到该薄膜上，则从薄膜上、下两表面反射的光束（用①与②示意）的光程差是_____。

A. $2n_2 e$

B. $2n_2 e - \lambda/2$

C. $2n_2 e - \lambda$

D. $2n_2 e - \lambda/(2n_2)$

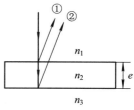

图 C-3

7. 设用频率为 ν_1 和 ν_2 的两种单色光，先后照射同一种金属均能产生光电效应。已知金属的红限频率为 ν_0，测得两次照射时的遏止电压 $|U_{a2}| = 2|U_{a1}|$，则这两种单色光的频率有如下关系：_____。

A. $\nu_2 = \nu_1 - \nu_0$　　B. $\nu_2 = \nu_1 + \nu_0$　　C. $\nu_2 = 2\nu_1 - \nu_0$　　D. $\nu_2 = \nu_1 - 2\nu_0$

8. 氢原子处于 $2p$ 状态的电子，描述其量子态的四个量子数 (n, l, m_1, m_s) 可能取的值为_____。

A. $\left(2, 2, 1, -\dfrac{1}{2}\right)$ B. $\left(2, 0, 0, \dfrac{1}{2}\right)$　C. $\left(2, 1, -1, -\dfrac{1}{2}\right)$　D. $\left(2, 0, 1, \dfrac{1}{2}\right)$

选择题答题区

题号	1	2	3	4	5	6	7	8	得分	评卷人
答案										

得分	评卷人

二、填空题（每题 4 分，共 24 分）

填空题答题区

1	①		②		2	①		②	
3	①		②		4	①		②	
5	①		②		6	①		②	

1. 两个平行的"无限大"均匀带电平面，其电荷面密度分别为 $+\sigma$ 和 $+2\sigma$，如图 C-4 所示，则 A、B 两个区域的电场强度分别为：$E_A = $ ____①____ ；$E_B = $ ____②____（设方向向右为正）。

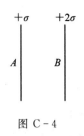

图 C-4

2. 两根长直导线通有电流 I，图 C-5 所示有三种环路；在下列情况下，$\oint \boldsymbol{B} \cdot \mathrm{d}\boldsymbol{l}$ 等于 _____①_____（对环路 b）；_____②_____（对环路 c）。

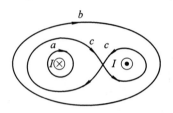

图 C-5

3. 在双缝干涉实验中，若使两缝之间的距离增大，则屏幕上干涉条纹间距 ___①___ ；若使单色光波长减小，则干涉条纹间距 ___②___ 。

4. 一束自然光以布儒斯特角入射到平板玻璃片上，就偏振状态来说则反射光为 _____①_____ ；反射光 $\boldsymbol{E}$ 矢量的振动方向 ___②___ 。

5. 假设描述微观粒子运动的波函数为 $\psi(r, t)$，则粒子波函数 $\psi(r, t)$ 必须满足的标准条件是 ___①___ ；波函数 $\psi(r, t)$ 的归一化条件是 ___②___ 。

6. 观察者甲以 $0.8c$ 的速度（c 为真空中光速）相对于静止的观察者乙运动，若甲携带一质量为 1 kg 的物体，则甲测得此物体的总能量为 _____①_____ ；乙测得此物体的总能量为 _____②_____ 。

三、证明题（共 6 分）

得分	评卷人

一维运动的粒子，设其动量的不确定量等于它的动量，试证明此粒子的位置不确定量与它的德布罗意波长的关系为：$\Delta x \geqslant \lambda$。（不确定关系式 $\Delta p_x \Delta x \geqslant h$）

四、问答题(共6分)

得分	评卷人

假定在实验室中测得静止在实验室中的 μ^+ 子(不稳定的粒子)的寿命为 2.2×10^{-6} s,当它相对于实验室运动时实验室中测得它的寿命为 1.63×10^{-5} s,则 μ^+ 子相对于实验室的速度是真空中光速的多少倍?为什么?

五、计算题(共40分)

得分	评卷人

1. (10分)设在半径为 R 的球体内,其电荷分布是对称的,电荷体密度 $\rho=Ar(0\leqslant r\leqslant R)$,$\rho=0(r>R)$,$A$ 为一正的常量,用高斯定理求场强与 r 的函数关系。

得分	评卷人

2. (10分)如图 C-6 所示,一无限长载流平板宽度为 a,线电流密度(即沿 x 方向单位长度上的电流)为 δ,求与平板共面并且距离平板一边为 b 的任意点 P 的磁感应强度。

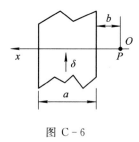

图 C-6

3. (10分)半径为 R 的长直螺线管单位长度上密绕有 n 匝线圈。在管外有一包围着螺线管、面积为 S 的圆线圈，其平面垂直于螺线管轴线。螺线管中电流 i 随时间作周期为 T 的变化，如图 C-7 所示。求圆线圈中的感生电动势 ε，画出 ε-t 曲线，注明时间坐标。

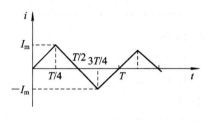

图 C-7

4. (10分)一双缝，缝距 $d=0.40$ mm，两缝宽度都是 $a=0.08$ mm，用波长为 $\lambda=480$ nm（1 nm $=10^{-9}$ m）的平行光垂直照射双缝，在双缝后放一焦距 $f=2.0$ m 的透镜，求：

(1) 在透镜焦平面处的屏上，双缝干涉条纹的间距。

(2) 在单缝衍射中央亮纹范围内的双缝干涉亮纹数目 N 和相应的级数。

模拟试卷(D卷)

题号	一	二	三	四	五		总得分	审核人
得分								

一、选择题(每题 3 分，共 24 分)

1. 当一个带电导体达到静电平衡时，_____。

    A. 表面上电荷密度较大处电势较高

    B. 表面曲率较大处电势较高

    C. 导体内部的电势比导体表面的电势高

    D. 导体内任一点的电势均相等

2. 如图 D-1 所示，匀强磁场中有一矩形通电线圈，它的平面与磁场平行，在磁场作用下，线圈发生转动，其方向是_____。

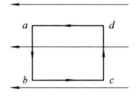

图 D-1

    A. ab 边转入纸内，cd 边转出纸外　　B. ab 边转出纸外，cd 边转入纸内

    C. ad 边转入纸内，bc 边转出纸外　　D. ad 边转出纸外，bc 边转入纸内

3. 在感应电场中电磁感应定律可写成 $\oint_L \boldsymbol{E}_k \cdot \mathrm{d}\boldsymbol{l} = -\dfrac{\mathrm{d}\Phi}{\mathrm{d}t}$，式中 $\boldsymbol{E}_k$ 为感应电场的电场强度。此式表明：_____。

    A. 闭合曲线 L 上 $\boldsymbol{E}_k$ 处处相等

    B. 感应电场是保守力场

    C. 感应电场的电场强度线不是闭合曲线

    D. 在感应电场中不能像对静电场那样引入电势的概念

4. 两块平玻璃构成空气劈形膜，左边为棱边，用单色平行光垂直入射。若上面的平玻璃慢慢地向上平移，则干涉条纹_____。

    A. 间隔变小，向棱边方向平移　　B. 间隔变大，向棱边方向平移

    C. 间隔不变，向棱边方向平移　　D. 间隔不变，向远离棱边方向平移

5. 对某一定波长的垂直入射光，衍射光栅的屏幕上只能出现零级和一级主极大，欲使屏幕上出现更高级次的主极大，应该_____。

    A. 换一个光栅常数较小的光栅　　B. 换一个光栅常数较大的光栅

    C. 将光栅向靠近屏幕的方向移动　　D. 将光栅向远离屏幕的方向移动

6. 如果两个偏振片堆叠在一起，且偏振化方向之间夹角为 $60°$，光强为 I_0 的自然光垂直入射在偏振片上，则出射光强为_____。

    A. $I_0/8$ B. $I_0/4$ C. $3I_0/8$ D. $3I_0/4$

7. 保持光电管上电势差不变，若入射的单色光光强增大，则从阴极逸出的光电子的最大初动能 E_0 和飞到阳极的电子的最大动能 E_k 的变化分别是_____。

    A. E_0 增大，E_k 增大   B. E_0 不变，E_k 变小

    C. E_0 增大，E_k 不变   D. E_0 不变，E_k 不变

8. 波长 $\lambda = 500$ nm 的光沿 x 轴正向传播，若光的波长的不确定量 $\Delta\lambda = 10^{-13}$ m，则利用不确定关系式 $\Delta p_x \Delta x \geqslant h$，可得光子的 x 坐标的不确定量至少为_____。

    A. 25 cm   B. 50 cm   C. 250 cm   D. 500 cm

选择题答题区

题号	1	2	3	4	5	6	7	8	得分	评卷人
答案										

得分	评卷人

二、填空题（每题 4 分，共 24 分）

填空题答题区

1	①		②		2	①		②	
3	①		②		4	①		②	
5	①		②		6	①		②	

1. 一点电荷 $q = 10^{-9}$ C，如图 D-2 所示，A、B、C 三点分别距离该点电荷 10 cm、20 cm、30 cm。若选 B 点的电势为零，则 A 点的电势为 ① ，C 点的电势为则 ② 。

（真空介电常量 $\varepsilon_0 = 8.85 \times 10^{-12}$ C^2·N^{-1}·m^{-2}）

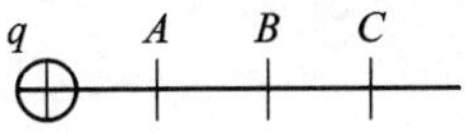

q   A   B   C

图 D-2

2. 电子在磁感强度为 $\boldsymbol{B}$ 的均匀磁场中作半径为 R 的圆周运动，电子运动所形成的等效圆电流强度 $I = $ ① ；等效圆电流的磁矩 $p_m = $ ② 。

3. 有很大剩余磁化强度的软磁材料不能做成永磁体，这是因为软磁材料 ① ；如果做成永磁体，则 ② 。

4. 平行单色光垂直入射于单缝上，观察夫琅禾费衍射。若屏上 P 点处为第二级暗纹，则单缝处波面相应地可划分为 ___①___ 个半波带。若将单缝宽度缩小一半，P 点处将是 ___②___ 级暗纹。

5. 观察者甲以 $0.8c$ 的速度（c 为真空中光速）相对于静止的观察者乙运动，若甲携带一长度为 l、截面积为 S，质量为 m 的棒，这根棒安放在运动方向上，则甲测得此棒的密度为 ___①___ ；乙测得此棒的密度为 ___②___ 。

6. 原子内电子的量子态由 n、l、m_l 及 m_s 四个量子数表征。当 n、l 一定时，不同的量子态数目为 ___①___ ；当 n 一定时，不同的量子态数目为 ___②___ 。

三、证明题（共 6 分）

得分	评卷人

静止的 μ 子的平均寿命约为 $\tau_0 = 2 \times 10^{-6}$ s。今在 8 km 的高空，由于 π 介子的衰变产生一个速度为 $v = 0.998\,c$（c 为真空中的光速）的 μ 子，试论证此 μ 子有无可能到达地面。

四、问答题（共 6 分）

得分	评卷人

判断下列说法是否正确，并说明理由：

（1）若所取围绕长直载流导线的积分路径是闭合的，但不是圆，安培环路定理也成立。

（2）若围绕长直载流导线的积分路径是闭合的，但不在一个平面内，则安培环路定理不成立。

得分	评卷人

1. (10 分)图 D-3 中所示为一沿 x 轴放置的长度为 l 的不均匀带电细棒，其电荷线密度为 $\lambda = \lambda_0(x-a)$，λ_0 为一常量。取无穷远处为电势零点，求坐标原点 O 处的电势。

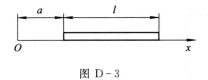

图 D-3

得分	评卷人

2. (10 分)如图 D-4 所示，半径为 R、线电荷密度为 λ（>0）的均匀带电的圆线圈，绕过圆心与圆平面垂直的轴以角速度 ω 转动，求轴线上任一点的 $\boldsymbol{B}$ 的大小及其方向。

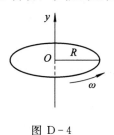

图 D-4

得分	评卷人

3. (10 分)电荷 Q 均匀分布在半径为 a、长为 $L(L \gg a)$ 的绝缘薄壁长圆筒表面上，圆筒以角速度 ω 绕中心轴线旋转。一半径为 $2a$、电阻为 R 的单匝圆形线圈套在圆筒上（如图 D-5 所示）。若圆筒转速按照 $\omega = \omega_0(1-t/t_0)$ 的规律（ω_0 和 t_0 是已知常数）随时间线性地减小，求圆形线圈中感应电流的大小和流向。

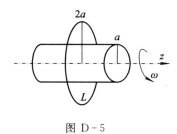

图 D-5

得分	评卷人

4. （10分）已知粒子在无限深势阱中运动，波函数为 $\psi(x) = \sqrt{2/a}\, \sin(\pi x/a)\,(0 \leqslant x \leqslant a)$，求：

（1）发现粒子的概率为最大时的位置。

（2）它在 $0 \sim a/4$ 区间内出现的概率是多少？

提示：$\displaystyle\int \sin^2 x \,\mathrm{d}x = \frac{1}{2}x - \frac{1}{4}\sin 2x + C$

模拟试卷标准答案(C 卷)

一、选择题(每题 3 分,共 24 分)

D   D   C   D   D   B   C   C

二、填空题(每题 4 分,共 24 分)

1. $-\dfrac{3\sigma}{2\varepsilon_0}$ $-\dfrac{\sigma}{2\varepsilon_0}$

2. 0 $2\mu_0 I$

3. 变小   变小

4. 完全(线)偏振光   垂直于入射面

5. 单值、有限、连续 $\iiint |\Psi|^2\,\mathrm{d}x\,\mathrm{d}y\,\mathrm{d}z = 1$

6. 9×10^{16} J 1.5×10^{17} J

三、证明题(共 6 分)

1. 证明:由 $\Delta p_x \Delta x \geqslant h$ 得

$$\Delta x \geqslant \frac{h}{\Delta p_x} \qquad\qquad\qquad ①$$

据题意 $\Delta p_x = mv$ 以及德布罗意波公式 $\lambda = h/mv$ 得

$$\lambda = \frac{h}{\Delta p_x} \qquad\qquad\qquad ②$$

比较①、②式得

$$\Delta x \geqslant \lambda$$

四、问答题(共 6 分)

1. 答:设 μ^+ 子相对于实验室的速度为 v,μ^+ 子的固有寿命 $\tau_0 = 2.2 \times 10^{-6}$ s,μ^+ 子相对实验室作匀速运动时的寿命 $\tau_0 = 1.63 \times 10^{-5}$ s。

按时间膨胀公式:

$$\tau = \frac{\tau_0}{\sqrt{1 - (v/c)^2}}$$

移项整理得

$$v = \frac{c}{\tau}\sqrt{\tau^2 - \tau_0^2} = c\sqrt{1 - \left(\frac{\tau_0}{\tau}\right)^2} = 0.99c$$

则 μ^+ 子相对于实验室的速度是真空中光速的 0.99 倍。

五、计算题(每题 10 分,共 40 分)

1. 解:在球内取半径为 r、厚为 $\mathrm{d}r$ 的薄球壳,该壳内所包含的电荷为

$$\mathrm{d}q = \rho\,\mathrm{d}V = Ar \cdot 4\pi r^2\,\mathrm{d}r$$

在半径为 r 的球面内包含的总电荷为

$$q = \int_V \rho \, \mathrm{d}V = \int_0^r 4\pi A r^3 \, \mathrm{d}r = \pi A r^4 \quad (r \leqslant R)$$

以该球面为高斯面，按高斯定理有

$$E_1 \cdot 4\pi r^2 = \pi A r^4 / \varepsilon_0$$

故 $E_1 = A r^2 / (4\varepsilon_0)$，$r \leqslant R$，方向沿径向向外。

在球体外作一半径为 r 的同心高斯球面，按高斯定理有

$$E_2 \cdot 4\pi r^2 = \pi A R^4 / \varepsilon_0$$

故 $E_2 = A R^4 / (4\varepsilon_0 r^2)$，$r > R$，方向沿径向向外。

2. 解：利用无限长载流直导线的公式求解。

（1）取离 P 点为 x 宽度为 $\mathrm{d}x$ 的无限长载流细条，它的电流为

$$\mathrm{d}i = \delta \, \mathrm{d}x$$

（2）这载流长条在 P 点产生的磁感应强度为

$$\mathrm{d}B = \frac{\mu_0 \, \mathrm{d}i}{2\pi x} = \frac{\mu_0 \delta \, \mathrm{d}x}{2\pi x}$$

方向垂直纸面向里。

（3）所有载流长条在 P 点产生的磁感强度的方向都相同，所以载流平板在 P 点产生的磁感强度为

$$B = \int \mathrm{d}B = \frac{\mu_0 \delta}{2\pi} \int_b^{a+b} \frac{\mathrm{d}x}{x} = \frac{\mu_0 \delta}{2\pi} \ln \frac{a+b}{b}$$

方向垂直纸面向里。

3. 解：螺线管中的磁感强度 $B = \mu_0 n i$，通过圆线圈的磁通量 $\Phi = \mu_0 n \pi R^2 i$，取圆线圈中感生电动势的正向与螺线管中电流正向相同，有

$$\varepsilon_i = -\frac{\mathrm{d}\Phi}{\mathrm{d}t} = -\mu_0 n \pi R^2 \frac{\mathrm{d}i}{\mathrm{d}t}$$

在 $0 < t < T/4$ 内：

$$\frac{\mathrm{d}i}{\mathrm{d}t} = \frac{I_\mathrm{m}}{T/4} = \frac{4 I_\mathrm{m}}{T}, \quad \varepsilon_i = -\mu_0 n \pi R^2 \frac{4 I_\mathrm{m}}{T} = -\frac{4\pi \mu_0 n R^2 I_\mathrm{m}}{T}$$

在 $T/4 < t < 3T/4$ 内：

$$\frac{\mathrm{d}i}{\mathrm{d}t} = -\frac{2 I_\mathrm{m}}{T/2} = -\frac{4 I_\mathrm{m}}{T}, \quad \varepsilon_i = \frac{4\pi \mu_0 n R^2 I_\mathrm{m}}{T}$$

在 $3T/4 < t < T$ 内：

$$\frac{\mathrm{d}i}{\mathrm{d}t} = \frac{I_\mathrm{m}}{T/4} = \frac{4 I_\mathrm{m}}{T}, \quad \varepsilon_i = -\frac{4\pi \mu_0 n R^2 I_\mathrm{m}}{T}$$

$\varepsilon - t$ 曲线如答案 C-1 图所示。

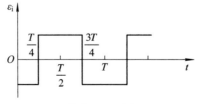

答案 C-1 图

4. 解：(1) 双缝干涉条纹第 k 级亮纹条件：

$$d \sin\theta = k\lambda$$

第 k 级亮条纹位置：

$$x_k = f \tan\theta \approx f \sin\theta \approx \frac{kf\lambda}{d}$$

相邻两亮纹间距：

$$\Delta x = x_{k+1} - x_k = \frac{(k+1)f\lambda}{d} - \frac{kf\lambda}{d} = \frac{f\lambda}{d} = 2.4 \times 10^{-3} \text{ m} = 2.4 \text{ mm}$$

(2) 单缝衍射第一暗纹：

$$a \sin\theta_1 = \lambda$$

单缝衍射中央亮纹半宽度：

$$\Delta x_0 = f \tan\theta_1 \approx f \sin\theta_1 \approx \frac{f\lambda}{a} = 12 \text{ mm}$$

因为 $\Delta x_0 / \Delta x = 5$，所以双缝干涉第 ± 5 极主级大缺级。在单缝衍射中央亮纹范围，双缝干涉亮纹数 $N = 9$，为 $k = 0, \pm 1, \pm 2, \pm 3, \pm 4$ 级，或根据 $d/a = 5$ 指出双缝干涉缺第 ± 5 级主大，同样得到该结论。

模拟试卷标准答案(D 卷)

一、选择题(每题 3 分,共 24 分)

D   A   D   C   B   A   D   C

二、填空题(每题 4 分,共 24 分)

1. 45 V -15 V

2. $\dfrac{Be^2}{2\pi m_e}$ $\dfrac{Be^2R^2}{2m_e}$

3. 矫顽力小   容易退磁

4. 4   第一

5. $\dfrac{m}{lS}$ $\dfrac{25m}{9lS}$

6. $2\times(2l+1)$ $2n^2$

三、证明题(共 6 分)

证明:考虑相对论效应,以地球为参照系,μ 子的平均寿命为

$$\tau = \frac{\tau_0}{\sqrt{1-(v/c)^2}} = 31.6\times10^{-6}\ \text{s}$$

则 μ 子的平均飞行距离为

$$L = v\cdot\tau = 9.46\ \text{km}$$

故 μ 子的飞行距离大于高度,有可能到达地面。

四、问答题(共 6 分)

答:说法(1)正确,说法(2)错误。这是因为围绕导线的积分路径只要是闭合的,不管在不在同一平面内,也不管是否是圆,安培环路定理都成立。

五、计算题(每题 10 分,共 40 分)

1. 解:见答案 D-1 图,在任意位置 x 处取长度元 $\mathrm{d}x$,其上带有电荷 $\mathrm{d}q = \lambda_0(x-a)\mathrm{d}x$,它在 O 点产生的电势为

$$\mathrm{d}U = \frac{\lambda_0(x-a)\mathrm{d}x}{4\pi\varepsilon_0 x}$$

O 点总电势为

$$U = \int\mathrm{d}U = \frac{\lambda_0}{4\pi\varepsilon_0}\left[\int_a^{a+l}\mathrm{d}x - a\int_a^{a+l}\frac{\mathrm{d}x}{x}\right] = \frac{\lambda_0}{4\pi\varepsilon_0}\left[l - a\ln\frac{a+l}{a}\right]$$

答案 D-1 图

2. 解:$I = R\lambda\omega$

$$B = B_y = \frac{\mu_0 R^3 \lambda \omega}{2(R^2 + y^2)^{3/2}}$$

B 的方向与 y 轴正向一致。

3. 解：筒以 ω 旋转时，相当于表面单位长度上有环形电流 $\frac{Q}{L} \cdot \frac{\omega}{2\pi}$，它和通电流长直螺线管的 nI 等效。

按长螺线管产生磁场的公式，筒内均匀磁场磁感强度为

$$B = \frac{\mu_0 Q\omega}{2\pi L} \quad \text{（方向沿筒的轴向）}$$

筒外磁场为零。

穿过线圈的磁通量为

$$\Phi = \pi a^2 B = \frac{\mu_0 Q\omega a^2}{2L}$$

在单匝线圈中产生的感生电动势为

$$\varepsilon = -\frac{d\Phi}{dt} = \frac{\mu_0 Q a^2}{2L}\left(-\frac{d\omega}{dt}\right) = \frac{\mu_0 Q a^2 \omega_0}{2Lt_0}$$

感应电流 i 为

$$i = \frac{\varepsilon}{R} = \frac{\mu_0 Q a^2 \omega_0}{2RLt_0}$$

i 的流向与圆筒转向一致。

4. 解：(1) 粒子的位置概率密度为

$$|\psi(x)|^2 = \left(\frac{2}{a}\right)\sin^2\left(\frac{\pi x}{a}\right) = \frac{2}{2a}\left[1 - \cos\left(\frac{2\pi x}{a}\right)\right]$$

当 $\cos(2\pi x/a) = -1$ 时，$|\psi(x)|^2$ 有最大值，在 $0 \leqslant x \leqslant a$ 范围内可得 $2\pi x/a = \pi$，所以发现粒子的概率为最大的位置 $x = \frac{1}{2}a$。

(2) $dP = |\psi|^2 dx = \frac{2}{a}\sin^2\frac{\pi x}{a} dx$

粒子位于 $0 \sim a/4$ 内的概率为

$$P = \int_0^{a/4} \frac{2}{a}\sin^2\frac{\pi x}{a} dx = \int_0^{a/4} \frac{2}{a}\frac{a}{\pi}\sin^2\frac{\pi x}{a} d\left(\frac{\pi x}{a}\right)$$

$$= \frac{2}{\pi}\left[\frac{\frac{1}{2}\pi x}{a} - \frac{1}{4}\sin\frac{2\pi x}{a}\right]\Bigg|_0^{a/4} = \frac{2}{\pi}\left[\frac{\frac{1}{2}\pi}{a}\frac{a}{4} - \frac{1}{4}\sin\left(\frac{2\pi}{a}\frac{a}{4}\right)\right] = 0.091$$

习 题 答 案

第 1 章

1 - 1　C

1 - 2　$2(x+x^3)^{\frac{1}{2}}$

1 - 3　$x=2t^3/3+10\,(\text{SI})$

1 - 4　D

1 - 5　$16Rt^2$；4

1 - 6　(1) 1 s；(2) 1.5 m

1 - 7　C

第 2 章

2 - 1　$mg/\cos\theta$；$\sin\theta\sqrt{\dfrac{gl}{\cos\theta}}$

2 - 2　0；$2g$

2 - 3　C

2 - 4　C

2 - 5　略

2 - 6　B

第 3 章

3 - 1　C

3 - 2　(1) 1.8×10^3 N，方向向右；(2) 6 m/s，22 m/s

3 - 3　(1) 0；(2) $mg\dfrac{2\pi}{w}$；(3) $mg\dfrac{2\pi}{w}$

3 - 4　(1) 0.4 s；(2) 1.33 m/s

3 - 5　C

3 - 6　$mgb\mathbf{k}$；$mgbt\mathbf{k}$

3 - 7　2275 kg・m^2・s^{-1}；13 m・s^{-1}

第 4 章

4 - 1　320 J；8 m/s

4 - 2　54 N・s；729 J

4 - 3　B

4 - 4　D

4 - 5　C

4-6 kx_0^2；$-\dfrac{1}{2}kx_0^2$

4-7 $GMm\dfrac{r_2-r_1}{r_1r_2}$；$GMm\dfrac{r_1-r_2}{r_1r_2}$

4-8 W 并不是合外力所做的功

4-9   略

4-10 $\dfrac{F}{\sqrt{k(m_1+m_2)}}$；$-\dfrac{F^2(2m_1+m_2)}{2k(m_1+m_2)}$

4-11   C

4-12 $\dfrac{m}{M}v_0$；$\dfrac{M-m}{2Mg}v_0^2$

4-13 -0.89 m/s，负号表示此速度的方向沿斜面向上

4-14 $v_1\geqslant 2M\sqrt{gL}/m$；$v_1=M\sqrt{5gL}/m$

第 5 章

5-1   C

5-2   C

5-3   6.54 rad/s^2；4.8 s

5-4 g/l；$g/(2l)$

5-5   0.25 kg · m^2；12.5 J

5-6 $v=mgt/\left(m+\dfrac{1}{2}M\right)$

5-7   (1) 2 m/s；(2) 58 N

5-8   (1) 10 rad · s^{-2}；(2) 6.0 N

5-9   (1) 不守恒；(2) 守恒

5-10   A

5-11   对 O 轴的角动量；机械能

5-12   (1) 0.628 rad/s；(2) ω_2

5-13   (1) 15.4 rad/s；(2) 15.4 rad

第 6 章

6-1   B

6-2   物体是作简谐振动

6-3   (1) 5 N；(2) ± 0.2 m(振幅端点)

6-4 $x=2\times 10^{-2}\cos(9.1\pi t)$

6-5   C

6-6   A

6-7   3.43 s；$-2\pi/3$

6-8   (1) $A\cos\left(\dfrac{2\pi t}{T}-\dfrac{1}{2}\pi\right)$；(2) $A\cos\left(\dfrac{2\pi t}{T}+\dfrac{1}{3}\pi\right)$

6-9　(1) $\pm 4.24\times10^{-2}$ m；(2) 0.75 s

6-10　B

第7章

7-1　A

7-2　$y=A\cos\left[2\pi\left(\nu t-\dfrac{L_1+L_2}{\lambda}\right)+\varphi\right]$；$x=-L_1+k\lambda(k=\pm1,\pm2,\cdots)$

7-3　D

7-4　(1) 0.05 m, 50 m/s, 50 Hz, 1.0 m；(2) 15.7 m/s, 4.93×10^{3} m/s^{2}；(3) π

7-5　(1) $y=3\times10^{-2}\cos4\pi[t+(x/20)]$(SI)；

　　　(2) $y=3\times10^{-2}\cos\left[4\pi\left(t+\dfrac{x}{20}\right)-\pi\right]$(SI)

7-6　(1) $y=2\times10^{-2}\cos\left(\dfrac{1}{2}\pi t-3\pi\right)$；(2) $y=2\times10^{-2}\cos(\pi-\pi x/10)$(SI)

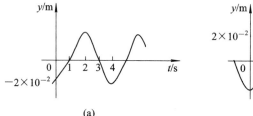
(a)

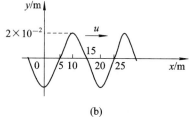
(b)

习题 7-6 答案图

7-7　$y=0.5\cos\left(\dfrac{1}{2}\pi t+\dfrac{1}{2}\pi\right)$(SI)

7-8　C

7-9　D

7-10　0

7-11　$y=0.30\cos\left(\dfrac{1}{2}\pi x\right)\cos\left(100\pi t+\dfrac{1}{2}\pi\right)$

第8章

8-1　5/3

8-2　8.31×10^{3}；3.32×10^{3}

8-3　(1) 4.14×10^{5} J；(2) 2.76×10^{5} Pa

8-4　$(3/4)RT$

8-5　(1) 300 K；(2) 1.24×10^{-20} J，1.04×10^{-20} J

8-6　0.51 kg

8-7　$(4/3)E/V$；$(M_2/M_1)^{\frac{1}{2}}$

8-8　D

8-9　(1) 表示分子的平均速率；(2) 表示分子速率在 $v_{\mathrm{p}}\to\infty$ 区间的分子数占总分子

数的百分比；（3）表示分子速率在 $v_p \rightarrow \infty$ 区间的分子数

第 9 章

9-1　$\dfrac{3}{2}p_1 V_1$；0

9-2　$a^2(1/V_1 - 1/V_2)$；$\dfrac{a^2}{\nu R}\left(\dfrac{1}{V_1} - \dfrac{1}{V_2}\right)$

9-3　8.31 J；29.09 J

9-4　C_p 大。因为在等压升温过程中，气体要膨胀而对外做功，所以要比气体等体升温过程多吸收一部分热量。

9-5　(1) $\dfrac{5}{2}R$，$\dfrac{3}{2}R$；(2) 1.35×10^4 J

9-6　700 J

9-7　(1) -6.23×10^3 J，3.74×10^3 J，3.46×10^3 J；(2) 0.97×10^3 J；(3) 13.4%

9-8　(1) $12RT_0$，$45RT_0$，$-47.7RT_0$；(2) 16.3%

9-9　(1) 320 K；(2) 20%

9-10　500 K；100 K

第 10 章

10-1　D

10-2　热量不能自动地从低温物体传向高温物体；不可能制成一种循环动作的热机，只从单一热源吸热完全变为有用功，而其他物体不发生任何变化

10-3　功变热；热传导

10-4　A

第 11 章

11-1　B

11-2　$\lambda d / \varepsilon_0$；$\dfrac{\lambda d}{\pi \varepsilon_0 (4R^2 - d^2)}$；沿矢径 OP

11-3　Q/ε_0；0 和 $\dfrac{5Q}{18\pi \varepsilon_0 R^2} r_0$

11-4　B

11-5　$E_r = \dfrac{kr^2}{4\varepsilon_0}$，$r < R$；$E_r = \dfrac{kR^4}{4\varepsilon_0 r^2}$，$r > R$

11-6　$-\dfrac{\sigma}{2\varepsilon_0}$；$\dfrac{3\sigma}{2\varepsilon_0}$

11-7　$E_1 = 0$，$r < R_1$；$E_2 = \dfrac{\lambda}{2\pi \varepsilon_0 r}$，$R_1 < r < R_2$；$E_3 = 0$，$r > R_2$

第 12 章

12-1　$\oint_L \boldsymbol{E} \cdot \mathrm{d}\boldsymbol{r} = 0$；单位正电荷在静电场中沿任何闭合路径绕行一周，电场力所做

的功为零；保守

12-2　C

12-3　$\dfrac{Q}{4\pi\varepsilon_0 R^2}$，0；$\dfrac{Q}{4\pi\varepsilon_0 R}$，$\dfrac{Q}{4\pi\varepsilon_0 r_2}$

12-4　$U=\dfrac{\lambda_0}{4\pi\varepsilon_0}\left(l-a\ln\dfrac{a+l}{a}\right)$

12-5　(1) $\sigma=8.85\times10^{-9}$ C/m²；(2) $q'=6.67\times10^{-9}$ C

12-6　$q\lambda/(12\varepsilon_0)$

12-7　均匀带电球体的电场能量大

第 13 章

13-1　D

13-2　$\sigma_1/\sigma_2=d_2/d_1$

13-3　证明略

13-4　$\dfrac{Qd}{2\varepsilon_0 S}$；$\dfrac{Qd}{\varepsilon_0 S}$

第 14 章

14-1　$\dfrac{q}{4\pi\varepsilon_0\varepsilon_r R}$

14-2　ε_r；ε_r

14-3　C

14-4　B

14-5　C

14-6　(1) 1000 V，5×10^{-6} J；(2) $\Delta W_e=5.0\times10^{-6}$ J

第 15 章

15-1　(1) $\dfrac{\mu_0 I}{8R}$；(2) 0

15-2　$\dfrac{\sqrt{3}\mu_0 I}{4\pi l}$；垂直纸面向里。

15-3　D

15-4　B

15-5　$R=2r$

15-6　$\mu_0 I$；0；$2\mu_0 I$

15-7　D

15-8　C

15-9　B

15-10　$B=\dfrac{\mu_0 I}{2\pi x}+\dfrac{\mu_0 I}{2\pi(3a-x)}\left(\dfrac{a}{2}\leqslant x\leqslant\dfrac{5}{2}a\right)$，**B** 的方向垂直 x 轴及图面向里

第 16 章

16-1 C

16-2 $\dfrac{Be^2}{2\pi m_e}$；$\dfrac{Be^2R^2}{2m_e}$

16-3 B

16-4 D

16-5 C

16-6 $\dfrac{\mu_0 I_1 I_2}{\pi}\ln\dfrac{b}{a}$

16-7 A

第 17 章

17-1 C

17-2 D

17-3 $\dfrac{I}{2\pi r}$；$\dfrac{\mu I}{2\pi r}$

17-4 铁磁质；顺磁质；抗磁性

17-5 矫顽力小；容易退磁

17-6 B

第 18 章

18-1 D

18-2 C

18-3 0.987 A

18-4 $ADCBA$ 绕向；$ADCBA$ 绕向

18-5 $\varepsilon=\dfrac{\mu_0 Iv}{2\pi}\ln\dfrac{2(a+b)}{2a+b}$；感应电动势方向为 $C\rightarrow D$，D 端电势较高

18-6 D

18-7 证明略

18-8 0.400 H；28.8 J

18-9 C

18-10 C

18-11 证明略

18-12 证明略

18-13 2×10^{8} m/s

18-14 能流密度矢量，其大小表示单位时间内流过与能量传输方向垂直的单位横截面积的能量，其方向为能量的传输方向；$\boldsymbol{S}=\boldsymbol{E}\times\boldsymbol{H}$

第 19 章

19-1 上；$(n-1)e$

19－2 B

19－3 C

19－4 (1) $d=0.910$ mm；(2) $l=24$ mm

19－5 (1) $\Delta x=0.11$ m；(2) $k=6.96\approx7$，即零级明纹移到原第 7 级明纹处

19－6 (1) $\theta=4.8\times10^{-5}$ rad；(2) A 处是明纹

19－7 $e=1.5\times10^{-3}$ mm

19－8 (1) $e_k=(2k-1)\lambda/4$；(2) $r_k=\sqrt{(2k-1)R\lambda/2}$ $(k=1,2,3\cdots)$

19－9 (1) $e_{10}=2.32\times10^{-4}$ cm；(2) $r_{10}=0.373$ cm

第 20 章

20－1 D

20－2 4；1；暗

20－3 B

20－4 D

20－5 D

20－6 (1) $\lambda_1=2\lambda_2$；(2) 若 $k_2=2k_1$，则 $\theta_1=\theta_2$，即 λ_1 的任一 k_1 级极小都有 λ_2 的 $2k_1$ 级极小与之重合

20－7 可观察到最高级次是 $k=3$

20－8 因为 $k=\pm4$ 的主极大出现在 $\theta=\pm90°$ 的方向上，实际观察不到，所以可观察到的有 $k=0,\pm1,\pm2,\pm3$ 共 7 条明条纹

20－9 (1) $a+b=3.36\times10^{-4}$ cm；(2) $\lambda_2=420$ nm

20－10 光栅常数 $(a+b)=3.92$ μm

20 11 (1) 中央明纹宽度为 $\Delta x=2x=0.06$ m；(2) 取 $k'=2$，共有 $k'=0,\pm1,\pm2$ 等 5 个主极大

第 21 章

21－1 平行或接近平行

21－2 $I_0/2$；0

21－3 $I_a/I_b=2/(n-1)$

21－4 光自水中入射到玻璃表面上时，$i_0=49.6°$；光自玻璃中入射到水表面上时，$i_0'=40.4°$

21－5 (1) $i_0=53.1°$；(2) $r=0.5\pi-i_0=36.9°$

第 22 章

22－1 没对准。根据狭义相对论的同时的相对性，在 K' 系中不同地点同时发生的两个事件(A' 钟指示一时间，B' 钟指示一时间)，在 K 系中不同时发生

22－2 $\Delta x/v$；$(\Delta x/v)\sqrt{1-(v/c)^2}$

22－3 B

22－4　μ^+ 子相对于实验室的速度是真空中光速的 0.99 倍；证明略

22－5　A

22－6　在太阳参照系中测量地球的半径在它绕太阳公转的方向缩短得最多；$\Delta R = 3.2$ cm

22－7　A

22－8　(1) $L' = L \sqrt{1 - \dfrac{v^2}{c^2}}$；(2) $\dfrac{L \sqrt{1-(v/c)^2} + l_0}{v}$

22－9　相对的；运动

22－10　C

22－11　9×10^{16} J；1.5×10^{17} J

22－12　5.8×10^{-13}；8.04×10^{-2}

22－13　$\rho = m/V = \dfrac{m_0}{V_0 \left(1 - \dfrac{v^2}{c^2}\right)}$；证明略

22－14　B

第 23 章

23－1　C

23－2　5×10^{14} Hz；2 eV

23－3　hc/λ；h/λ；$h/(c\lambda)$

23－4　E

23－5　不能产生光电效应

23－6　C

23－7　$\dfrac{h\nu}{c} = \dfrac{h\nu'}{c} \cos\varphi + p \cos\theta$

23－8　4.98×10^{-6} eV

23－9　(1) $\dfrac{h}{2eBR}$；(2) 0.01 nm；(3) 6.63×10^{-34} m

23－10　(1) $\dfrac{ch}{\sqrt{2eU_{12}m_ec^2 + e^2U_{12}^2}}$；(2) $\dfrac{h}{\sqrt{2m_eeU_{12}}}$；(3) 3.706×10^{-12} m，3.877×10^{-12} m，4.6%

23－11　151 V

23－12　$\dfrac{h}{\sqrt{3mKT}}$；0.1456 nm

23－13　A；A；B

23－14　$\Delta x \geqslant \lambda$

23－15　(1) 0.3 m；(2) 38.8%

23－16　证明略

23－17　A

第 24 章

24-1　(1) $\dfrac{1}{2a}$；(2) 9.1%

第 25 章

25-1　10.4 Å

25-2　6；2；4；1；975(或 972)

25-3　-0.85 eV

25-4　$n=3 \rightarrow n=1$

25-5　(1) D；(2) C

25-6　(1) 1, 0, $\pm 1/2$；(2) (1, 0, 0, 1/2), (1, 0, 0, $-1/2$)；

　　　(3) (1, 0, 0, $-1/2$), (2, 0, 0, 1/2)或(2, 0, 0, $-1/2$)

25-7　4

参 考 文 献

[1]　上海交通大学物理教研室.大学物理学(上、下册).上海：上海交通大学出版社，2007
[2]　程守株，江之水.普通物理学.北京：高等教育出版社，1982
[3]　张三慧.大学物理学.北京：清华大学出版社，1991
[4]　吴百诗.大学物理.西安：西安交通大学出版社，1995
[5]　江宪庆，等.大学物理学.上海：上海科技文献出版社，1989
[6]　陆果.基础物理学.北京：高等教育出版社，1997
[7]　马文蔚.物理学(上、中、下册).北京：高等教育出版社，1999